大腦運作
圖解百科

DK

STEM 新思維培養

大腦運作圖解百科
HOW THE BRAIN WORKS

凱瑟琳・柯林（Catherine Collin）等　著

林 瑤　譯

周靖程 張瑜廉　審校

Original Title: *How the Brain Works*
Copyright© Dorling Kindersley Limited, 2020
A Penguin Random House Company

本書中文繁體版由 DK 授權出版。
本書中文譯文由電子工業出版社有限公司授權使用。

大腦運作圖解百科

作　　者：凱瑟琳・柯林 (Catherine Collin)
　　　　　塔瑪拉・柯林 (Tamara Collin)
　　　　　連・德魯 (Liam Drew)
　　　　　溫迪・霍羅賓 (Wendy Horobin)
　　　　　湯姆・傑克遜 (Tom Jackson)
　　　　　凱蒂・約翰 (Katie John)
　　　　　史蒂夫・帕克 (Steve Parker)
　　　　　艾瑪・因海爾 (Emma Yhnell)
　　　　　金妮・斯莫斯 (Ginny Smith)
　　　　　尼古拉・坦普爾 (Nicola Temple)
　　　　　蘇珊・瓦特 (Susan Watt)
譯　　者：林　瑤
審　　校：周靖程　張瑜廉
責任編輯：林雪伶　王卓穎
出　　版：商務印書館 (香港) 有限公司
　　　　　香港筲箕灣耀興道 3 號東滙廣場 8 樓
　　　　　http://www.commercialpress.com.hk
發　　行：香港聯合書刊物流有限公司
　　　　　香港新界荃灣德士古道 220-248 號荃灣工業中心 16 樓
印　　刷：中華商務彩色印刷有限公司
　　　　　香港大埔汀麗路 36 號中華商務印刷大廈
版　　次：2022 年 3 月第 1 版第 1 次印刷
　　　　　© 2022 商務印書館 (香港) 有限公司
　　　　　ISBN 978 962 07 6658 9
　　　　　Published in Hong Kong SAR. Printed in China.

For the curious
www.dk.com

交流

記憶、
學習
和思考

意識
與自我

物質腦

腦的功能

　　腦是身體的控制中心。它協調我們生存所需的基本功能，控制身體的運動，處理感官數據。同時，腦也對我們一生的記憶進行編碼，創造了意識、想像和自我感知。

腦可以感受疼痛嗎？

儘管腦組織可記錄來自身體其他部位的疼痛，但它沒有疼痛感受器，無法感受到自身的疼痛。

物質腦

　　宏觀來講，人類的腦看起來是一個堅實的、粉灰色的固體。它主要由脂肪構成（約佔 60%），密度略高於水。然而，研究腦形態和功能的神經科學家認為，腦作為一個器官，是由 300 多個獨立但密切相連的區域組成的。微觀來講，腦由大約 1600 億個細胞組成，其中一半是神經元或稱神經細胞，另一半是膠質細胞或稱支持細胞。

重量
成人的腦平均重 1.2 ～ 1.4 千克，約佔人體總體重的 2%。

脂肪
腦的乾重是 60% 的脂肪。這些脂肪大部分以覆蓋神經元間連接的鞘的形式存在。

水
腦的含水量佔比為 73%，而整個人體的含水量佔比則接近 60%。腦的平均含水量約為 1 升。

體積
腦的體積隨着年齡的增長而減小，其平均體積為 1130 ～ 1260 立方厘米。

灰質
大約 40% 的腦組織是灰質，灰質是緊密堆積的神經元胞體。

白質
大約 60% 的腦組織是白質。白質由細長的、像電線一樣包裹在髓鞘中的神經纖維構成。

左腦和右腦

人們常說腦的一側或是一個半球支配着對側軀體，這種支配對人的性格會產生影響。例如，有這樣一種說法，即邏輯型的人常使用他們的左腦，而藝術型（邏輯性較弱）的人則依賴於他們的右腦；但這是一種極端的過分簡單化的例子。誠然，左腦和右腦在功能上是不一樣的，例如語言中樞通常位於左腦，但大多數健康的思想活動則有賴於左、右腦同時參與。

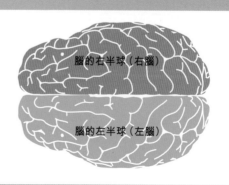
腦的右半球（右腦）
腦的左半球（左腦）

記憶
腦負責記憶語意知識庫、關於世界的一般事實，以及個人生活經歷。記憶通過編碼過去有用的信息，來幫助人們未來更好地生存。

運動
肌肉依靠相同類型的電子脈衝進行收縮，這些電子脈衝攜帶着腦和身體之間的神經信號。所有肌肉運動都是由神經信號觸發的，但是意識腦區對它的控制是有限的。

情緒
大多數情緒理論認為，當我們遇到令人困惑的事情或危險時，情緒是一種預先設定的行為方式，可增加我們的生存機會。還有一些人則認為情緒是動物的本能，也會滲透到人類的意識中。

腦可以做甚麼？
身體和腦之間的關係一直是科學家和哲學家爭論的話題。在古埃及，腦被認為是一個散熱系統，而心臟則是情感和思想的中心。儘管我們最重要的感覺仍然被描述為「發自內心的」，但神經科學表明，腦驅動着身體的所有活動。

控制
身體的基本系統都在腦的最終控制之下，如呼吸、血液循環、消化和排泄。腦試圖調整它們的速度以適應身體的需要。

溝通
人腦獨有的特徵是擁有控制語言表達和相關肌肉運動的語言中樞。同時，人腦還有一個預測系統，用於理解別人正在說甚麼。

思考
腦是思考和想像的場所。思考是一種認知活動，它使我們能夠解釋周圍的世界，而想像力則幫助我們在沒有感官數據輸入的情況下，思考各種可能性。

感官體驗
腦部處理來自全身的信息，從而形成一幅關於身體周圍環境的詳盡圖像。腦可以過濾掉大量無關緊要的感官數據。

如果**腦外層的所有褶皺**被撫平，它將覆蓋大約 **2300 平方厘米**的區域。

身體中的腦

腦是人體神經系統的主要組成部分，它把身體的動作與接收到的感官信息協調起來。

神經系統

神經系統的兩個主要組成部分是中樞神經系統和周圍神經系統。中樞神經系統由腦和脊髓組成，脊髓是一束從腦到骨盆的神經纖維。從這個系統分支出來的是周圍神經系統，即一個遍佈身體其他部位的神經網絡。周圍神經系統按功能可劃分為兩部分：處理身體自主運動的軀體神經系統和處理無意識功能的自主神經系統。

遍佈全身各處

神經系統遍佈全身，十分複雜。如果把人體所有神經的一端到一端連接起來，可以圍繞地球轉 2.5 圈。

保護腦部的顱骨

腦部

脊髓

周圍神經系統的脊神經與中樞神經系統的脊髓相連接

脊髓走行向後向下，穿過脊柱

周圍神經從軀幹和四肢延伸到手腳

坐骨神經是人體最大、最長的神經

感覺神經與運動神經常常並置，而在末端分開

脊神經

大多數周圍神經在脊髓處與中樞神經系統相連，並在連接處產生分支，後支將感覺數據傳回至腦部，而前支則將運動信號傳輸到身體。

脊髓

運動神經

感覺神經

脊神經

椎骨

保護脊髓的椎骨

脊柱（後視圖）

顱神經

在周圍神經系統中，有 12 條顱神經直接連接腦，而不是脊髓。大部分顱神經與眼睛、耳朵、鼻子和舌頭相連，也參與面部運動、咀嚼和吞咽。而迷走神經直接與心臟、肺和消化器官相連。

信號沿視神經直接傳輸到腦

脊髓

圖例

● 中樞神經系統（CNS）

● 周圍神經系統

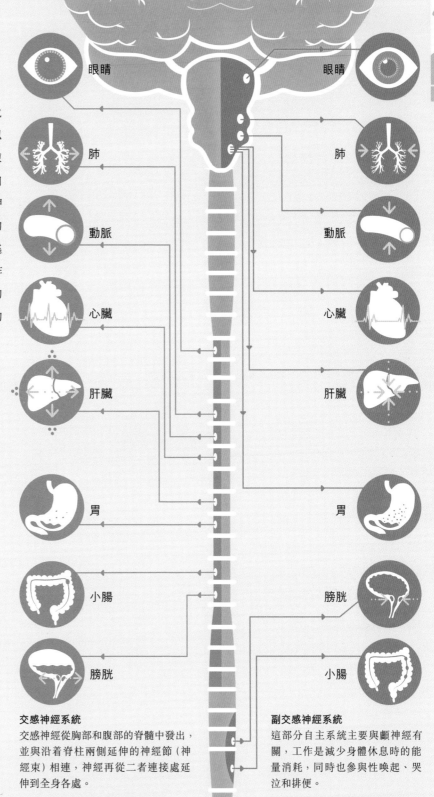

自主神經系統

自主神經系統通過控制消化系統和其他部位的非自主肌肉，以及心率、呼吸頻率、體溫和新陳代謝來維持身體的內部狀態。自主神經系統分為兩部分：交感神經系統通常起到促進身體活動的作用，並參與所謂的「戰鬥或逃跑」反應；副交感神經系統的工作原理與之相反，負責減少身體的活動，使之回到「休息和消化」的狀態。

軀體神經系統的總長度約為 **72** 公里。

眼睛　　眼睛

肺　　肺

動脈　　動脈

心臟　　心臟

肝臟　　肝臟

胃　　胃

小腸　　膀胱

膀胱　　小腸

交感神經系統

交感神經從胸部和腹部的脊髓中發出，並與沿着脊柱兩側延伸的神經節（神經束）相連，神經再從二者連接處延伸到全身各處。

副交感神經系統

這部分自主系統主要與顱神經有關，工作是減少身體休息時的能量消耗，同時也參與性喚起、哭泣和排便。

人類和動物的腦

　　腦是人類這個物種的定義性特徵之一。將人腦與其他動物的腦進行比較的話，我們可以發現腦的大小與智力之間的關聯，以及動物的腦結構與生活方式之間的關聯。

腦的大小

　　腦的大小表明它的處理能力。例如，蜜蜂的腦包含 100 萬個神經元，尼羅河鱷魚有 8000 萬個神經元，而人類的腦大約有 800 億～ 900 億個神經元。腦的大小與智力聯繫緊密，然而，對於體形較大的動物來說，比較腦和身體的相對大小也是很重要的，這樣可以更細緻地分析其認知能力。

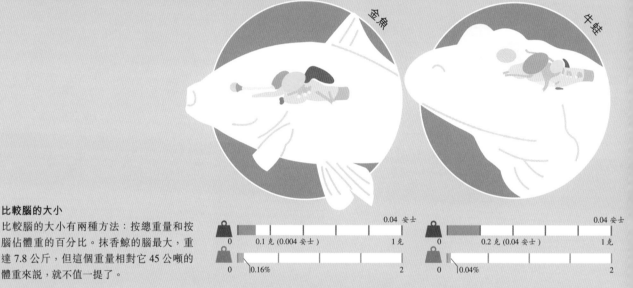

金魚

牛蛙

比較腦的大小

比較腦的大小有兩種方法：按總重量和按腦佔體重的百分比。抹香鯨的腦最大，重達 7.8 公斤，但這個重量相對它 45 公噸的體重來說，就不值一提了。

0.04 安士

0　　0.1 克 (0.004 安士)　　　　1 克

0　0.16%　　　　　　　　　　　2

0.04 安士

0　　0.2 克 (0.04 安士)　　　　1 克

0　0.04%　　　　　　　　　　　2

腦的形狀

　　所有的腦都位於頭部且靠近初級感覺器官。然而，把動物的腦想像成人腦在大小和結構上的雛形是錯誤的。所有脊椎動物的腦都遵循同樣的發育規律，但解剖結構差異很大，為的是適應不同的感官和行為需求。在無脊椎動物 (佔所有動物的 95%) 中，大腦的形態更加多樣。

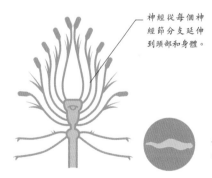

神經從每個神經節分支延伸到頭部和身體。

水蛭

在水蛭的神經系統中，1 萬個細胞排列成一系列被稱為神經節的細胞簇。水蛭的腦是一個巨大的神經節，有 350 個神經元，位於身體的前部。

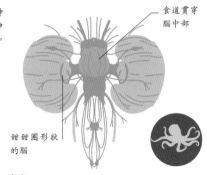

食道貫穿腦中部

甜甜圈形狀的腦

章魚

章魚的腦包含 5 億個神經元，其中只有三分之一在頭部，其餘的則分佈於觸手和皮膚。分佈於觸手和皮膚的神經元負責感官和運動控制。

不同的比例

所有哺乳動物的腦都由相同成分組成，但比例不同。大鼠的脊髓佔中樞神經系統體積的三分之一，說明其對反射運動的依賴。相比之下，人類的脊髓僅佔比十分之一，而大腦佔比近四分之三，用以分辨和接收訊息。

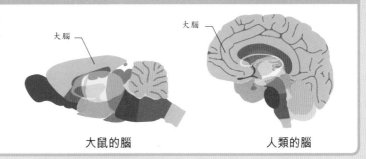

大腦

大腦

大鼠的腦

人類的腦

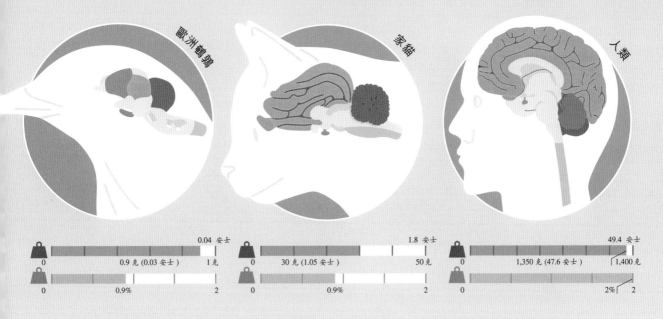

歐洲鼴鼠

家貓

人類

	0.04 安士
0 ⚖ 0.9 克 (0.03 安士) 1 克
0 ⚖ 0.9% 2

	1.8 安士
0 ⚖ 30 克 (1.05 安士) 50 克
0 ⚖ 0.9% 2

	49.4 安士
0 ⚖ 1,350 克 (47.6 安士) 1,400 克
0 ⚖ 2% 2

嗅球位於鼻孔後面

鯊魚

鯊魚的腦是 Y 形的，兩側都有巨大的嗅球。鯊魚追蹤獵物主要依靠嗅覺。

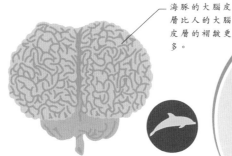

海豚的大腦皮層比人的大腦皮層的褶皺更多。

海豚

在海豚的腦中，聽覺和視覺中樞比人腦中的更大、更緊密。有人認為，這有助於海豚更好地利用聲吶系統創造精神意象。

所有動物都有腦嗎？

海綿 (一種海洋動物) 根本沒有神經細胞，而水母和珊瑚有網狀的神經系統，但沒有中樞控制點。

保護腦部

重要的器官一般位於身體的核心部位，並得到安全的保護，但由於腦部位於身體頂端，因此它需要有自己的保護系統。

顱骨

頭部的骨頭統稱為顱骨，細分為頭蓋骨和下頜骨，並由最高的頸椎和頸部肌肉組織支撐。顱骨形成一個完全圍繞在腦周圍的骨性結構。顱骨由 22 根骨頭組成，在生命的早期穩定地融合在一起，形成一個單一、堅硬的結構。然而，顱骨大約有 64 個洞，被稱為孔，孔中有神經和血管通過。此外，顱骨還有 8 個充滿空氣的空腔或稱鼻竇，以減輕顱骨的重量。

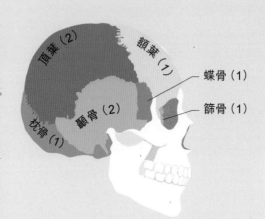

成對的骨
腦被 8 塊大骨頭包圍，顱骨的兩側各有一對頂骨和一對顳骨。其餘 14 塊顱骨構成面部骨骼。

頂葉（2）
額葉（1）
蝶骨（1）
篩骨（1）
顳骨（2）
枕骨（1）

硬腦膜竇收集靜脈血

蛛網膜下腔

2 腦脊液的流向
腦脊液從腦室流入蛛網膜下腔，然後從蛛網膜下腔向上移動並越過腦前部。

腦脊液

腦不會直接接觸到顱骨，而是會懸浮在腦脊液中。這種在顱骨內循環的透明液體在腦周圍形成一個緩衝層，當頭部受到撞擊時可起到保護腦的作用。此外，漂浮的腦不會在自身重力的作用下變形，否則會限制血液流向內部較低區域。腦脊液的含量也會變化，以維持顱骨內的最佳壓力。減少腦脊液的體積可以降低顱骨內的壓力，繼而促進血液在腦中的流動。

腦裏的水是甚麼？

當顱骨中腦脊液太多時，就會出現腦積水。腦積水會使顱骨內的壓力升高，從而影響腦的功能。

腦脊液持續生成，且每 6 ～ 8 小時更新一次。

腦膜和腦室
腦部被三層膜（腦膜）包圍：軟腦膜、蛛網膜和硬腦膜。腦室的空腔中充斥着腦脊液，腦脊液在蛛網膜下腔（位於軟腦膜和蛛網膜之間）圍繞腦的外部進行循環。

血腦屏障

由於血腦屏障系統的存在，身體其他部位的感染一般不會到達腦部。通常身體其他部位的毛細血管，很容易將含有病菌的液體滲透到周圍組織中，這是因為構成血管壁的細胞之間存在間隙。但在腦部，這些細胞之間的連接非常緊密，且腦中的物質流動由包圍血管的星形膠質細胞控制。

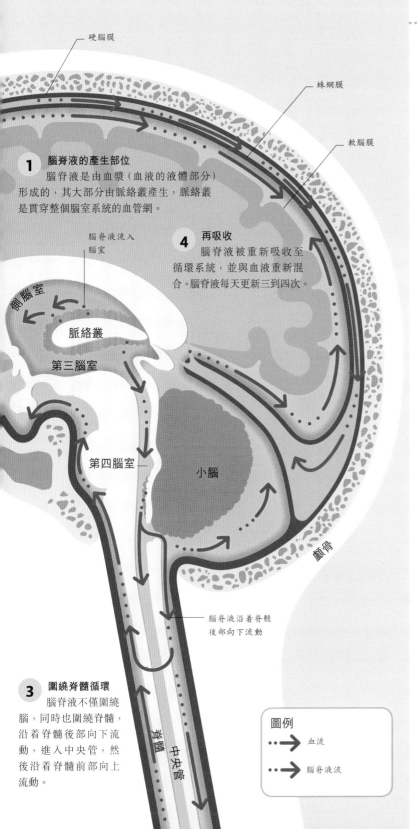

1 腦脊液的產生部位
腦脊液是由血漿（血液的液體部分）形成的，其大部分由脈絡叢產生，脈絡叢是貫穿整個腦室系統的血管網。

4 再吸收
腦脊液被重新吸收至循環系統，並與血液重新混合。腦脊液每天更新三到四次。

硬腦膜　蛛網膜　軟腦膜

腦脊液流入腦室　側腦室　脈絡叢　第三腦室　第四腦室　小腦　顱骨

腦脊液沿着脊髓後部向下流動

3 圍繞脊髓循環
腦脊液不僅圍繞腦，同時也圍繞脊髓，沿着脊髓後部向下流動，進入中央管，然後沿着脊髓前部向上流動。

脊髓　中央管

圖例
┅▶ 血流
━▶ 腦脊液流

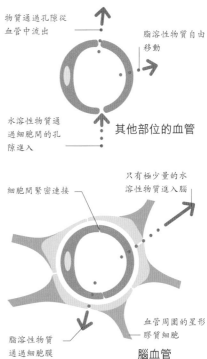

物質通過孔隙從血管中流出　脂溶性物質自由移動
水溶性物質通過細胞間的孔隙進入　**其他部位的血管**

細胞間緊密連接　只有極少量的水溶性物質進入腦
脂溶性物質通過細胞膜　血管周圍的星形膠質細胞　**腦血管**

選擇性滲透
液體很容易通過其他部位的血管，氧、脂類激素和非水溶性物質可不受阻礙地通過血腦屏障，但水溶性物質則會被阻止進入，以防它們到達腦脊液。

為腦部提供燃料

　　腦部是一個耗能較多的器官，與身體其他器官不同的是，它完全依靠葡萄糖提供能量。葡萄糖是一種單糖，很容易被代謝。

血液供應

　　心臟為全身供血，它所泵出的血液有六分之一會被輸送至腦部。血液通過兩條主要動脈到達腦部，位於頸部兩側的兩條頸動脈將血液輸送到腦的前部（以及眼睛、面部和頭皮），而腦的後部則由穿過脊柱的椎動脈供血。乏氧血隨後在腦竇中積聚，腦竇是由流經腦的靜脈擴大而成的空間，腦竇的血液通過頸內靜脈從腦中流出，並沿着頸部向下運輸。

　　血管系統每分鐘向腦部輸送 750 毫升血液，相當於為每 100 克腦組織輸送 50 毫升血液。如果血液供應量降到大約 20 毫升或以下，腦組織就會停止工作。

集中注意力會消耗更多的能量嗎？

腦從不會停止工作，一天 24 小時中，腦的總體能量消耗幾乎保持不變。

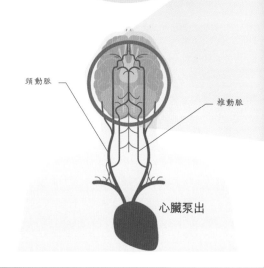

頸動脈

椎動脈

心臟泵出

跨越血腦屏障

　　血腦屏障是腦與其血液供應之間的物理和代謝屏障。血腦屏障可為腦提供額外的保護，以防止感染。正常的免疫系統很難抵禦腦部的感染，這種感染可能導致人腦以危險的方式運轉。物質可通過 6 種方式跨過血腦屏障，除此之外再沒有別的方式。

細胞旁轉運途徑
水和水溶性物質，如鹽和離子（帶電原子或分子），可以穿過毛細血管壁細胞之間的小空隙。

擴散
（血腦屏障的）細胞被一層脂肪膜包圍，因此，脂溶性物質，包括氧氣和酒精可在細胞內擴散。

細胞壁
物理性血腦屏障是由腦中構成毛細血管壁的細胞形成的。在身體的其他部位，這些細胞之間的連接較為鬆散，會留下一些空隙或鬆散的連接。而在腦中，這些細胞之間的連接則很緊密。

血管

血腦屏障

腦部

水溶性物質

緊密的連接

脂溶性物質

血液從分過細胞

星形膠質細胞從血液中收集物質並將其傳遞給神經元

星形膠質細胞

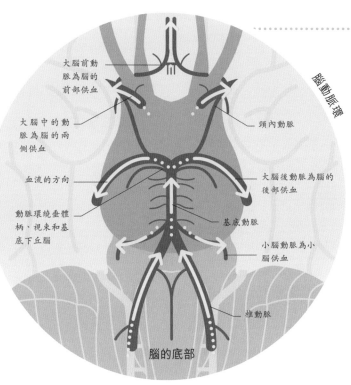

大腦前動脈為腦的前部供血

大腦中的動脈為腦的兩側供血

血流的方向

動脈環繞垂體柄、視束和基底下丘腦

頸內動脈

大腦後動脈為腦的後部供血

基底動脈

小腦動脈為小腦供血

椎動脈

腦動脈環

腦的底部

腦動脈環（Willis 環）
頸動脈和椎動脈通過交通動脈在腦的底部相連，形成一個被稱為 Willis 環的血管環。這一特徵可確保即使其中一條動脈被阻斷，腦的血液流動也能得到維持。

葡萄糖燃料

雖然人腦僅佔人體總重量的 2%，卻消耗人體 20% 的能量。運轉中的人腦是一個「昂貴」的器官，但是聰明的大腦帶來的好處使這樣的「投資」變得很划算。

腦的大小：佔 2%

腦的能量需求：佔 20%

每 7 分鐘，人體的**全部血液供應**就會流經腦部一次。

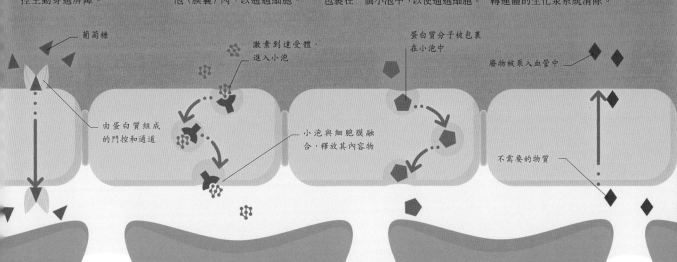

轉運蛋白
葡萄糖和其他必需分子通過細胞膜上的通道和門控主動穿過屏障。

受體
激素及其類似物質被受體拾取。它們被包裹在一個小泡（膜囊）內，以通過細胞。

胞吞轉運
大的蛋白質由於太大而不能通過通道，它們被細胞膜吞併，包裹在一個小泡中，以便通過細胞。

主動泵出
當不需要的物質通過血腦屏障擴散時，它們會被外排型轉運體的生化泵系統清除。

葡萄糖

由蛋白質組成的門控和通道

激素到達受體，進入小泡

小泡與細胞膜融合，釋放其內容物

蛋白質分子被包裹在小泡中

廢物被泵入血管中

不需要的物質

腦細胞

　　腦和其他神經系統都包含一個被稱為神經元的細胞網絡。神經元的作用是把神經信號以電脈衝的形式在腦和身體之間傳遞。

神經元

　　大多數神經元都有一個獨特的分支形狀，由幾十條直徑僅為幾百萬分之一米的細絲從細胞體延伸到附近的細胞。這些分支被稱為樹突，它將分支信號帶入細胞，而被稱為軸突的單個分支則將信號傳遞給下一個神經元。神經元與神經元之間有一個叫作突觸的小間隙，在那裏，電信號將停止傳遞。細胞間的通信是通過化學物質的交換進行的，這種化學物質稱為神經遞質。有些神經元之間存在有效的物理連接，不需要神經遞質來交換信號。

神經元的類型
神經元有多種類型，不同的神經元有不同的軸突和樹突的組合形式。其中，雙極神經元和多極神經元是兩種常見的神經元，二者均有各自的特定任務。還有一種單極神經元，僅存在於胚胎中。

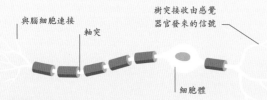

与腦細胞連接
軸突
樹突接收由感覺器官發來的信號
細胞體

雙極神經元
這種類型的神經元有一個樹突和一個軸突，雙極神經元可傳遞來自身體主要感覺器官的特殊信息。

与其他細胞相連的突觸
軸突
細胞體
樹突

多極神經元
多數腦細胞均是多極神經元，這些神經元有多個樹突，可與上百個，甚至上千個細胞進行連接。

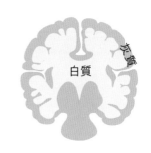
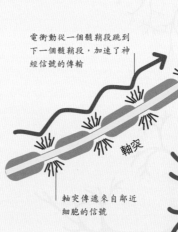

樹突像觸角一樣從鄰近的神經細胞收集信號

軸突可以有幾厘米長

電衝動從一個髓鞘段跳到下一個髓鞘段，加速了神經信號的傳輸

樹突比軸突短，通常只有五千萬分之一米長

軸突

軸突傳遞來自鄰近細胞的信號

人類的腦大約包含 **860 億個**神經元。

化學物質從相鄰的細胞穿過，在樹突中產生電衝動

髓磷脂

周圍神經系統的一些神經元產生髓鞘的施旺細胞

神經原纖維

軸突膜

髓鞘

髓鞘纏繞在軸突上

細胞膜傳遞神經衝動

組合神經信號傳遞至下一個細胞

神經細胞體

DNA

神經元細胞

絕緣

軸突可能會被稱為髓鞘的脂肪鞘覆蓋。就像絕緣體一樣，它可以防止電荷泄漏，從而加速信號的傳遞。

軸突

高爾基體包裹化學物質

溶酶體破壞化學廢物

線粒體加工葡萄糖

膠質細胞

神經系統依賴於一組被稱為膠質細胞的輔助細胞：星形膠質細胞控制着哪些化學物質可以通過血液進入腦中，哪些不可以；少突膠質細胞為腦細胞生成髓鞘，形成白質。室管膜細胞分泌腦脊液；小膠質細胞充當免疫細胞，清除廢細胞；放射狀膠質細胞是神經元的祖細胞。

輔助細胞

膠質細胞共有八種類型，其四種常見於腦部。它們保護神經系統的整體健康。

血管提供支持

髓鞘在此生成

星形膠質細胞

少突膠質細胞

纖毛幫助神經遞質移動

神經元內部

神經元和任何其他細胞一樣，包含大體相同的細胞器和內部結構，可釋放能量、製造蛋白質和管理遺傳物質。

檢測受損神經元

室管膜細胞

小膠質細胞

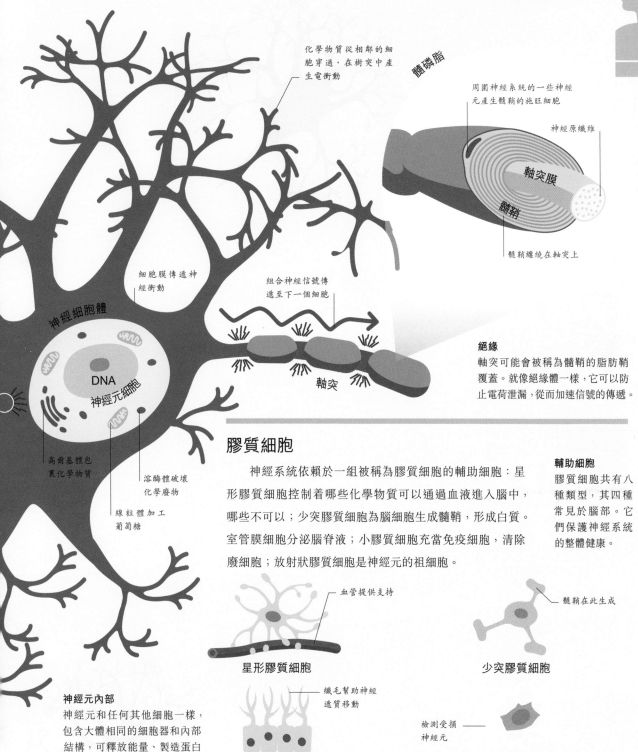

神經信號

　　腦和神經系統的工作原理是通過細胞發送信號，就像電荷脈衝一樣，在細胞之間也可以通過一種叫作神經遞質的化學信使傳遞信號。

動作電位

　　神經元通過產生動作電位，即鈉和鉀離子通過細胞膜而產生的電流激增，來發送信號。它沿着軸突向下運動，刺激鄰近細胞樹突上的受體。細胞間的連接被稱為突觸。在許多神經元中，電荷由軸突和樹突之間一種被稱為神經遞質的化學物質傳輸，並從軸突末端釋放。所釋放的信號可能會引起鄰近的神經元放電，但也可能會阻止其放電。

神經如何傳遞不同的信息？

接收細胞有不同類型的受體，對不同的神經遞質產生反應。根據發送和接收的神經遞質及其數量的不同，「信息」也有所不同。

一些神經衝動的速度超過 100 米 / 秒。

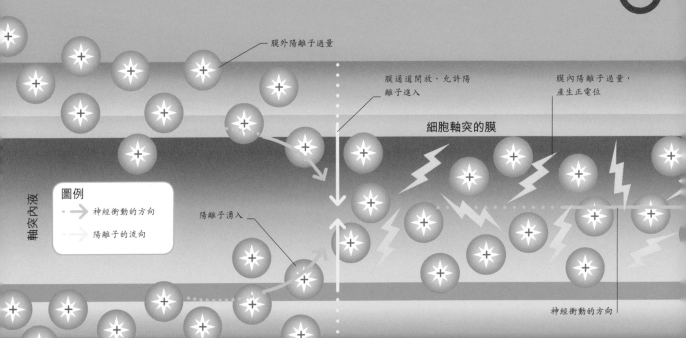

膜外陽離子過量

膜通道開放，允許陽離子進入

膜內陽離子過量，產生正電位

細胞軸突的膜

軸突內液

圖例
- ⟶ 神經衝動的方向
- ⟶ 陽離子的流向

陽離子湧入

神經衝動的方向

1 靜息電位
當神經元處於靜止狀態時，膜外的陽離子比膜內的多。這會引起跨膜極化或電位的差異，即靜息電位。細胞內外的電位差大約是 -70 毫伏，細胞膜外為正極。

2 去極化
細胞體的化學變化允許陽離子通過細胞膜進入細胞，這使得軸突的電位差發生逆轉，此時細胞膜內的電位高於細胞膜外的電位，電位差為 +30 毫伏。

神經毒劑

一些化學武器，如諾維喬克和沙林，通過干擾神經遞質在突觸上的行為而起作用。神經毒劑可以通過吸入或與皮膚接觸而起作用。神經毒劑通過阻止突觸清除與肌肉控制有關的乙酰膽鹼，使心臟和肺等器官的肌肉癱瘓。

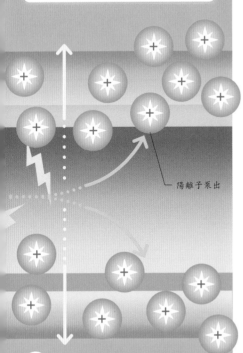

— 陽離子泵出

3 復極化

　　軸突的一個區域發生去極化，隨後相鄰的區域也經歷相同的過程。同時，細胞將陽離子泵出細胞膜，以使膜電位復極化至靜息電位。

突觸

　　有些神經元之間沒有物理連接。相反，它們之間有一種被稱為突觸的細胞結構。突觸存在於一個神經元的軸突（突觸前細胞）和另一個神經元的樹突（突觸後細胞）之間約四百億分之一米的間隙處，該間隙被稱為突觸間隙。電脈衝攜帶的編碼信號在軸突的頂端或末端轉換成化學信息。這些信息以一種被稱為神經遞質的分子形式傳遞，這些分子穿過突觸間隙，被樹突接收。還有一些神經元有電突觸而不是化學突觸，這些神經元之間存在有效的物理連接，不需要神經遞質在它們之間傳遞電荷。

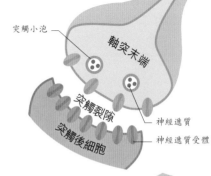

突觸小泡
軸突末端
突觸裂隙
突觸後細胞
神經遞質
神經遞質受體

1 儲存化學物

　　神經遞質是在神經元的細胞體中產生的。它們沿着軸突到達軸突末端，並在該處被包裹成膜囊或小泡。在這個階段，軸突末梢的膜與軸突的其他部位具有相同的電位。

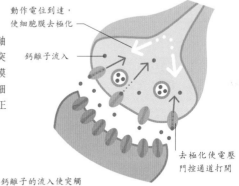

動作電位到達，使細胞膜去極化
鈣離子流入
去極化使電壓門控通道打開

2 接收信號

　　當一個動作電位沿着軸突向下傳遞時，其終點是軸突末端，並在此處暫時使細胞膜去極化。這種電位改變可使細胞膜上的蛋白通道開放，帶正電荷的鈣離子流入細胞。

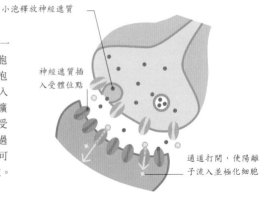

鈣離子的流入使突觸小泡釋放神經遞質
神經遞質插入受體位點
通道打開，使陽離子流入並極化細胞

3 釋放信息

　　細胞內的鈣離子引發了一個複雜的過程，使囊泡向細胞膜移動。一旦到達該處，囊泡就會釋放神經遞質，使之進入細胞間隙。有些神經遞質會擴散並穿過間隙，與樹突上的受體相結合。神經遞質可以通過刺激樹突形成動作電位，也可以通過抑制樹突形成動作電位。

腦的化學物質

雖然腦中的信息交流依賴於沿着線狀神經細胞快速傳遞的電脈衝，但這些神經細胞的激活，以及它們引發的精神和身體狀態，很受神經遞質這種化學物質影響。

科技成癮和藥物成癮是一樣的嗎？

不，科技成癮更像暴飲暴食。玩電子遊戲時多巴胺釋放量可增加 75%，而攝入可卡因時可增加 350%。

神經遞質

神經遞質活躍於突觸處，即位於細胞的軸突和另一個細胞的樹突之間的狹小間隙（參見第 23 頁）。一些神經遞質是興奮性的，這意味着它們有助於繼續將電性神經衝動傳遞到接收它們的樹突。抑制性神經遞質則起相反的作用，它們會產生一個升高的負電位，通過阻止細胞膜去極化來阻止神經衝動的傳遞。還有一些被稱為神經調節劑的神經遞質，可調節腦中其他神經元的活動。神經調節劑停留在突觸上的時間更長，所以有更多的時間去影響神經元。

神經遞質的類型
神經遞質至少有 100 種類型，以下列舉一小部分。一個神經遞質是興奮性的還是抑制性的，取決於釋放它的前一個神經元。

神經遞質的化學名	通常的突觸後效應
乙酰膽鹼	多數為興奮性的
γ - 氨基丁酸（GABA）	抑制性的
谷氨酸	興奮性的
多巴胺	興奮性的和抑制性的
去甲腎上腺素	多數為興奮性的
血清素	抑制性的
組胺	興奮性的

藥物

改變精神和生理狀態的化學物質，無論它是合法的還是非法的，都是通過與神經遞質的相互作用起作用。例如：咖啡因會阻斷腺苷受體，從而起到提神的作用；酒精會刺激 γ - 氨基丁酸（GABA）受體並抑制谷氨酸，從而抑制神經活動；尼古丁會激活乙酰膽鹼的受體，使注意力提高、心率加快和血壓升高。酒精和尼古丁都會增加腦中的多巴胺，而多巴胺數量的增加是導致人們高度成癮的原因。

	藥物類型	效應
	興奮劑	一種可刺激特定神經遞質受體的化學物質，可增強其效應。
	拮抗劑	一種與興奮劑相反的分子，可抑制與神經遞質相關的受體的作用。
	回收抑制劑	一種阻止神經遞質被釋放該遞質的神經元再吸收的化學物質，從而導致興奮性反應。

黑寡婦蜘蛛的毒液會促進**乙酰膽鹼這種神經遞質**的釋放，導致肌肉痙攣。

酒精的長期效應

長期大量飲酒會改變情緒、知覺、行為和神經心理功能。酒精的抑製作用既能刺激GABA，又能抑制谷氨酸，降低腦的活動。它還通過釋放多巴胺觸發腦部的獎賞系統，某程度上導致人們成癮。

圖例
● 多巴胺
● 可卡因

多巴胺和可卡因
可卡因通過對腦中的突觸神經遞質多巴胺產生作用而起效。

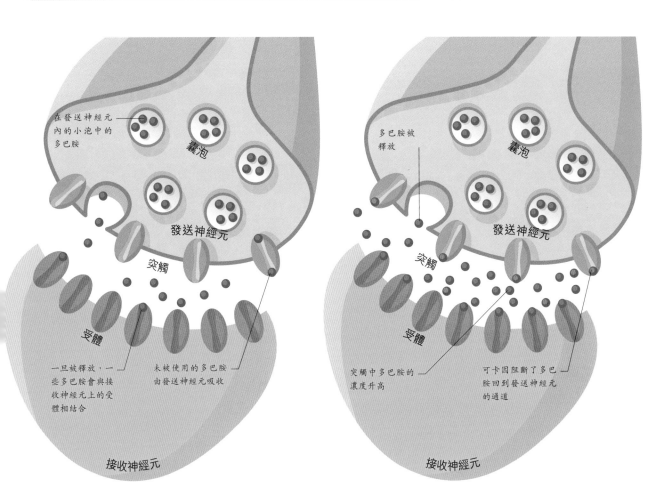

正常的多巴胺水平
多巴胺是一種與感覺愉悅有關的神經遞質。它激發了想要重複獲得獎賞感覺的衝動，這種衝動可能導致成癮。當一些多巴胺分子與接收神經元上的受體結合時，未被使用的多巴胺，會被泵回發送神經元並被再次包裹起來，從而被循環使用。

可卡因的使用
可卡因分子抑制了多巴胺的再攝取。在正常情況下，多巴胺被釋放後，便會進入突觸並與接收神經元上的受體結合。然而可卡因阻斷了多巴胺循環的再攝取泵，因此神經遞質以更高的濃度積聚，增強了對接收神經元的作用。

腦中的網絡

有人認為，人類腦中的神經和細胞連接類型會影響其處理感覺認知，執行認知任務和儲存記憶。

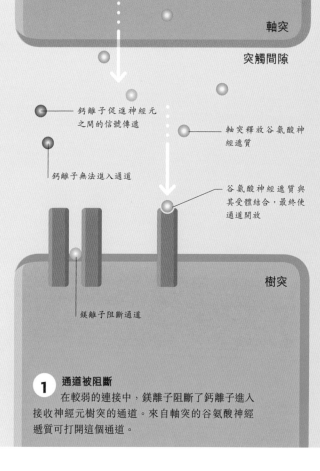

軸突

突觸間隙

鈣離子促進神經元之間的信號傳遞

軸突釋放谷氨酸神經遞質

鈣離子無法進入通道

谷氨酸神經遞質與其受體結合，最終使通道開放

樹突

鎂離子阻斷通道

連接腦

腦如何記憶和學習的主導理論可以用「細胞一起觸發，相互連接」來概括。這個理論表明細胞間的反覆交流，使它們之間的連接更強，從而在腦中出現一個與特定思維過程，如運動、思考或記憶相關的細胞網絡（參見第 136 ～ 137 頁）。

圖例

- 鎂離子
- 鈣離子
- 谷氨酸神經遞質
- 通道
- 谷氨酸受體

突觸的重要性
在很少使用的連接上，通道被鎂離子堵塞。當網絡中兩個神經元之間的連接強度增加時，通道被打開，而突觸上的受體數量增加。

1 通道被阻斷
在較弱的連接中，鎂離子阻斷了鈣離子進入接收神經元樹突的通道。來自軸突的谷氨酸神經遞質可打開這個通道。

神經的可塑性

腦的網絡不是固定的，而是隨着心理和生理過程而作出適應性改變。這意味着，當腦將注意力集中在另一件事情上，並與其他細胞形成新的網絡時，與舊的記憶或不再使用的技能相關的網絡便會逐漸減弱。神經科學家認為腦是可塑的，腦細胞和它們之間的連接可以根據需要進行多次改造。神經可塑性幫助腦恢復因腦損傷而喪失的能力。

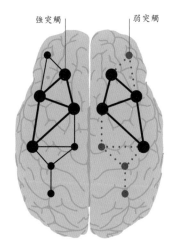

強突觸   弱突觸

腦的網絡

腦的默認網絡模式是甚麼？

是一組腦區域在執行注意等任務時表現出低活動水平，但在清醒且沒有從事特定的腦力活動時表現出高活動水平。

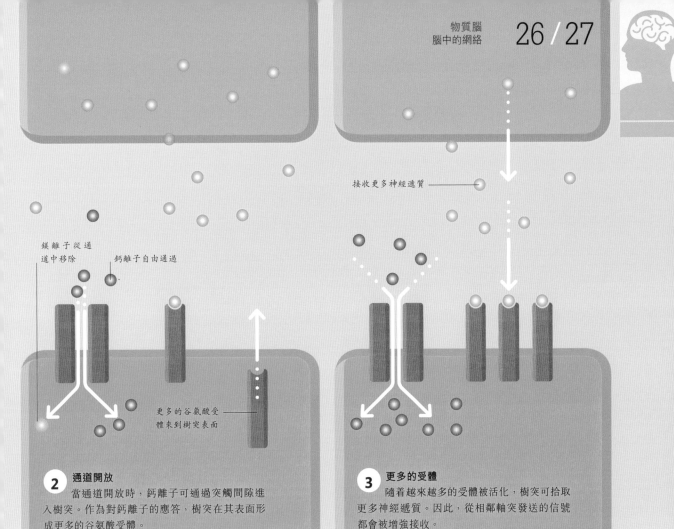

接收更多神經遞質

鎂離子從通道中移除

鈣離子自由通過

更多的谷氨酸受體來到樹突表面

2 通道開放
當通道開放時,鈣離子可通過突觸間隙進入樹突。作為對鈣離子的應答,樹突在其表面形成更多的谷氨酸受體。

3 更多的受體
隨着越來越多的受體被活化,樹突可拾取更多神經遞質。因此,從相鄰軸突發送的信號都會被增強接收。

小世界網絡連接

腦細胞不是以規則的形式連接的,也不是以隨機的形式連接的。腦細胞的連接表現出一種小世界網絡的連接形式,腦細胞較少與直接相鄰的腦細胞連接,而是與附近的腦細胞相連。這種網絡連接形式使腦細胞之間的總體連接距離更短,且更緊密。

據估計,人腦 860 億個神經元之間有 100 萬億個連接。

隨機連接
隨機連接善於進行遠距離連接,不善於連接附近的細胞。

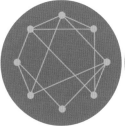

小世界網絡連接
小世界網絡連接具有良好的局部和遠距離連接優勢。與另外兩個連接方式相比,在小世界網絡連接中,腦細胞之間的連接更緊密。

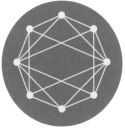

晶格連接
通過將每個細胞與其鄰近的細胞連接起來,晶格連接縮小了遠距離連接的範圍。

腦的解剖

人腦是一個幾乎全部由神經元、神經膠質細胞（參見第 21 頁）和血管組成的複雜軟組織團，分為外層、皮層和其他特殊結構。

腦的劃分

腦分為三個不相等的部分：前腦、中腦和後腦。這種劃分基於它們在胚胎腦中的發育方式，但同時也反映了它們各自在功能上的差異。在人腦中，前腦佔主導地位，佔腦重量的近 90%，與感覺和高級執行功能有關。前腦下面的中腦和後腦更多地參與決定生存的基本身體功能，如睡眠和警覺。

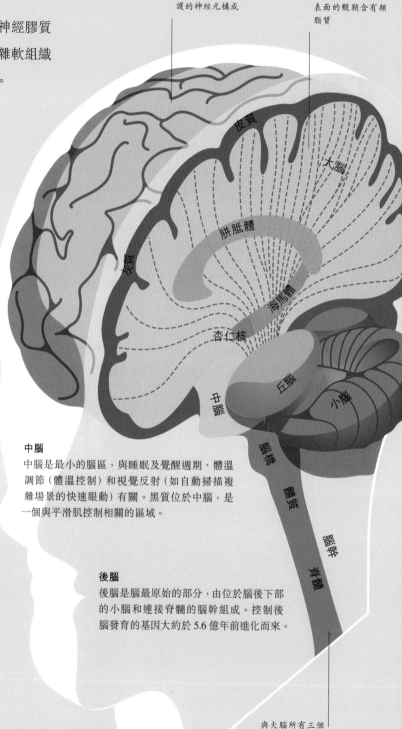

前腦的表層為灰質，由未受保護的神經元構成

白質來及神經纖維表面的髓鞘含有類脂質

皮質

大腦

胼胝體

灰質

海馬體

杏仁核

中腦

丘腦

小腦

腦橋

體質

腦幹

脊髓

中腦

中腦是最小的腦區，與睡眠及覺醒週期、體溫調節（體溫控制）和視覺反射（如自動掃描複雜場景的快速眼動）有關。黑質位於中腦，是一個與平滑肌控制相關的區域。

後腦

後腦是腦最原始的部分，由位於腦後下部的小腦和連接脊髓的腦幹組成。控制後腦發育的基因大約於 5.6 億年前進化而來。

與大腦所有三個部分的直接連接都在脊髓中

脊神經

人體共有 31 對脊神經，這些脊神經從每根椎骨上方的脊髓分支出來，並以與它們相連接的脊椎部位命名。

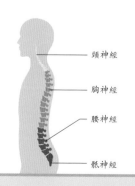

頸神經

胸神經

腰神經

骶神經

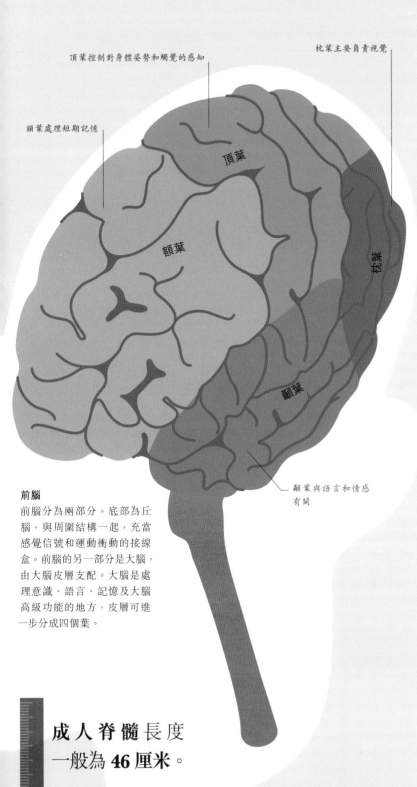

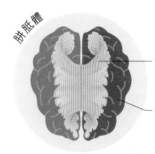

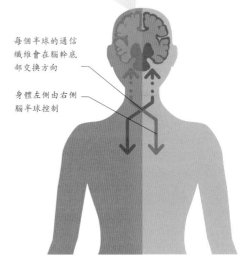

頂葉控制對身體姿勢和觸覺的感知

枕葉主要負責視覺

額葉處理短期記憶

頂葉

額葉

枕葉

顳葉

顳葉與語言和情感有關

前腦

前腦分為兩部分。底部為丘腦，與周圍結構一起，充當感覺信號和運動衝動的接線盒。前腦的另一部分是大腦，由大腦皮層支配。大腦是處理意識、語言、記憶及大腦高級功能的地方，皮層可進一步分成四個葉。

成人脊髓長度一般為 46 厘米。

大腦半球

大腦由兩個半球組成，這兩個半球由一個被稱為大腦縱裂的間隙分開。然而，大腦的兩個半球通過胼胝體保持廣泛的連接。儘管並非所有的功能都需要兩個半球同時執行，但每個半球均是另一個半球的鏡像（參見第 10 頁）。例如語言中心傾向在左腦。

胼胝體

白質束形成胼胝體

兩個半球的四個腦葉具有相同的結構

每個半球的通信纖維會在腦幹底部交換方向

身體左側由右側腦半球控制

左腦和右腦

腦和身體是反向連接的，這意味着左腦處理身體右側的感覺和運動，而右腦處理身體左側的感覺和運動。

皮層

皮層是形成腦可見表面的一個薄薄的外層。它有幾個重要的功能，包括處理感官數據和語言。同時，它也能生成我們對世界的有意識的體驗。

功能地圖

皮層是一個多層的神經元層，其細胞體位於頂部。神經科學家把皮層分成幾個區域，這些區域的細胞在一起工作，執行特定的功能。通過研究與腦功能喪失有關的腦損傷的位置、追蹤細胞之間的聯繫，以及對腦活動的掃描，我們可以得知不同區域的皮層所執行的不同功能。

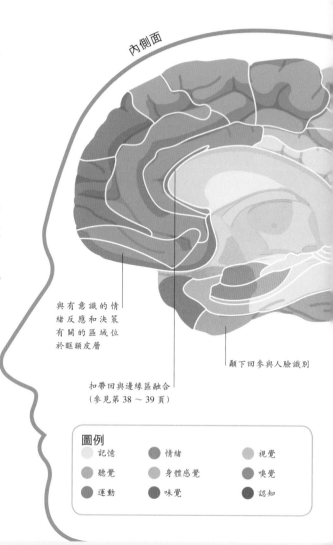

內側面

與有意識的情緒反應和決策有關的區域位於眶額皮層

扣帶回與邊緣區融合
（參見第 38 ～ 39 頁）

顳下回參與人臉識別

圖例

- 記憶
- 情緒
- 視覺
- 聽覺
- 身體感覺
- 嗅覺
- 運動
- 味覺
- 認知

甚麼是顱相學？

這是 19 世紀的偽科學。該學說認為頭部的形狀與腦結構、特定能力和個性相關。

褶皺和凹槽

大腦皮層是所有哺乳動物腦的共同特徵，但人腦因其高度摺疊的外觀而與眾不同。大量褶皺增加了皮層的總表面積，從而為皮層區域提供了更大的空間。褶皺中的凹處稱為溝，而凸起處則稱為回。每一個人的腦都有相同的溝回模式，神經科學家用溝回來描述大腦皮層的特定位置。

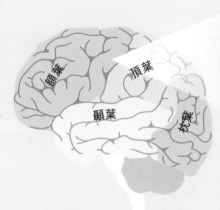

額葉

頂葉

顳葉

枕葉

腦回

腦溝

腦葉的劃分
大腦皮層的兩個葉之間的邊界是由深深的腦溝形成的。額葉在中央溝與頂葉匯合，而顳葉則從一個叫作側裂的溝開始。

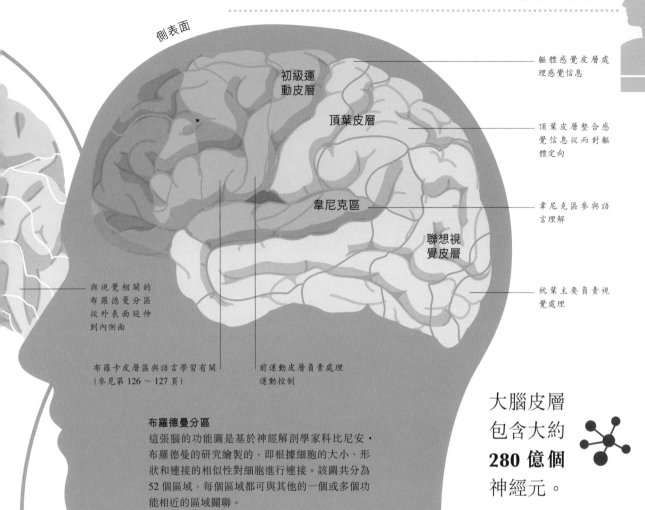

側表面

初級運動皮層

頂葉皮層

韋尼克區

聯想視覺皮層

軀體感覺皮層處理感覺信息

頂葉皮層整合感覺信息從而對軀體定向

韋尼克區參與語言理解

枕葉主要負責視覺處理

與視覺相關的布羅德曼分區從外表面延伸到內側面

布羅卡皮層區與語言學習有關（參見第 126～127 頁）

前運動皮層負責處理運動控制

布羅德曼分區
這張腦的功能圖是基於神經解剖學家科比尼安·布羅德曼的研究繪製的，即根據細胞的大小、形狀和連接的相似性對細胞進行連接。該圖共分為 52 個區域，每個區域都可與其他的一個或多個功能相近的區域關聯。

大腦皮層包含大約 **280 億個** 神經元。

細胞結構

大腦皮層分為六層，總厚度為 2.5 毫米。每一層都包含不同類型的皮質神經元，它們可接收信號，並將信號發送到皮質的其他區域及腦的其他部位。信號的不斷傳遞使腦的各個部位都能意識到其他地方發生了甚麼。人腦中一些較原始的部位，如海馬體褶皺，則只有三層。

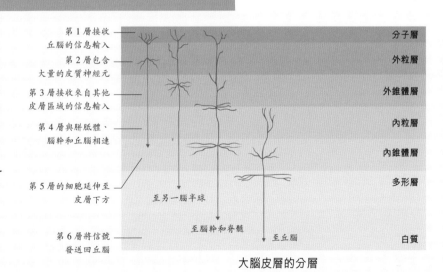

第 1 層接收丘腦的信息輸入

第 2 層包含大量的皮質神經元

第 3 層接收來自其他皮層區域的信息輸入

第 4 層與胼胝體、腦幹和丘腦相連

第 5 層的細胞延伸至皮層下方

第 6 層將信號發送回丘腦

分子層

外粒層

外錐體層

內粒層

內錐體層

多形層

白質

至另一腦半球

至腦幹和脊髓

至丘腦

大腦皮層的分層

腦核

在腦解剖學中，腦核是指一簇具有可辨別功能的神經細胞團，這些細胞通過白質束互相連接。

基底神經節和其他核團

這是一組被統稱為基底神經節的重要核團，位於前腦內，同時與丘腦和腦幹之間有很強的連接。這些核團與學習、運動控制和情感應答相關。所有的顱神經都在腦核處與腦相連。還有一些腦核位於下丘腦（參見第34頁）、海馬體（參見第38～39頁）、腦橋、延髓（參見第36頁）等部位。

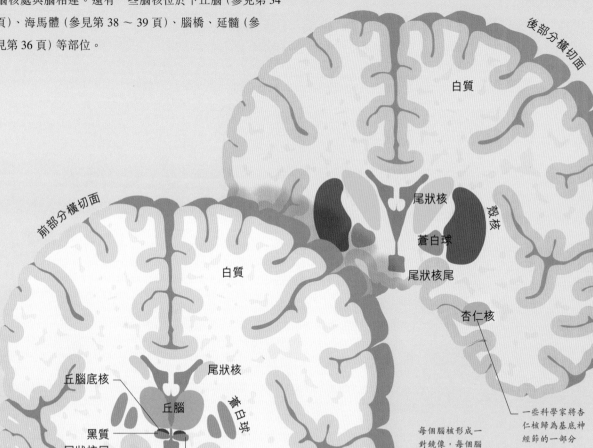

中心位置
大部分基底神經節位於丘腦周圍的前腦底部。腦核位於一個充滿白質束的區域內，該區域被稱為紋狀體。

蒼白球
尾狀核
下丘腦核
黑質

後部分橫切面

白質

尾狀核
蒼白球
尾狀核尾
殼核

杏仁核

一些科學家將杏仁核歸為基底神經節的一部分

前部分橫切面

白質

丘腦底核
丘腦
黑質
尾狀核尾

尾狀核
蒼白球

每個腦核形成一對鏡像，每個腦半球各有一個

中腦黑質與精細運動控制有關

腦核的結構
腦核是位於腦白質（神經軸突）內的一組灰質（神經細胞體）簇。大多數腦核沒有膜，所以肉眼看上去似乎與周圍的組織融為一體。

基底神經節不同區域的功能	
區域	**功能**
尾狀核	此為運動處理中心，負責處理對運動模式的程序性學習和有意識抑制反射動作。
殼核	此為運動控制中心，與諸如駕駛、打字或演奏樂器等複雜的學習過程有關。
蒼白球	此為在潛意識水平上管理運動的自主運動控制中心，受損時會產生不自主的震顫。
丘腦底核	雖然人們對於它的精確功能還不清楚，但它被認為與選擇一個特定的運動和抑制競爭性選擇有關。
黑質	在獎賞和運動中起作用。帕金遜病的症狀（參見第201頁）與此處多巴胺神經元的凋亡有關。
杏仁核	可能參與了基底神經節與邊緣系統的整合活動，因此有人認為它是基底神經節的一部分。

腦幹中有哪些腦核？

腦幹中包含 12 對腦核中的 10 對。這些腦核為舌頭、喉部、面部肌肉等提供運動和感覺功能。

腦有 30 多組腦核，大部分左右成對。

動作選擇

基底神經節在過濾來自皮層和前腦其他部位競爭性指令的干擾方面有重要作用。這個過濾干擾的過程被稱為動作選擇，它在潛意識中發生於基底神經節的通路上。一般來說，這些通路通過使丘腦迴路信號回到起始點來阻止或抑制特定的動作。然而，當這條通路靜止時，特定動作就啟動了。

基底神經節迴路

該通路的路徑取決於來自大腦皮層或前腦其他部位的輸入源。主要有三種通路，每一種通路都能抑制或選擇一種行為。運動迴路與主運動控制中心相連，前額葉迴路攜帶來自大腦執行區域的輸入，而邊緣迴路則由情感刺激控制。

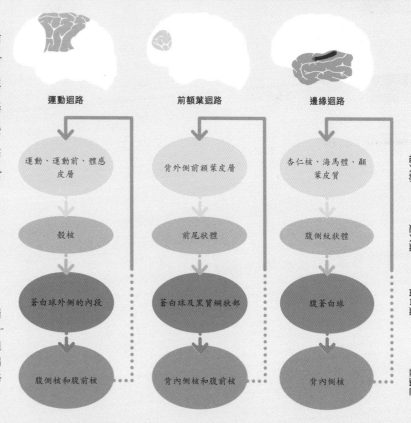

運動迴路 — 運動、運動前、體感皮層 → 殼核 → 蒼白球外側的內段 → 腹側核和腹前核

前額葉迴路 — 背外側前額葉皮層 → 前尾狀體 → 蒼白球及黑質網狀部 → 背內側核和腹前核

邊緣迴路 — 杏仁核、海馬體、顳葉皮質 → 腹側紋狀體 → 腹蒼白球 → 背內側核

輸入源 進入點 比口點 丘腦區

下丘腦、丘腦和垂體

丘腦及其周圍的結構位於腦的中心。它們充當前腦和腦幹之間的中繼站,同時也與身體的其他部位形成聯繫。

下丘腦

丘腦前部下方的這個小區域,是腦與激素或內分泌系統之間的主要接口。它可以將激素直接釋放到血液中,也可以向腦垂體發出釋放激素的命令。下丘腦在生長、體內平衡(維持最佳身體狀態)和重要行為(如飲食和性行為)中起作用。這使得它能對許多不同的刺激作出反應。

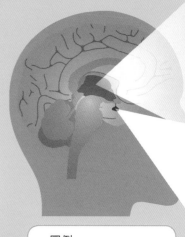

腦垂體控制甚麼樣的腺體?

垂體是控制甲狀腺、腎上腺、卵巢和睪丸的主要腺體,而它本身則接受來自下丘腦的指令。

圖例

● 丘腦

● 下丘腦

● 垂體

上丘腦

這一區域覆蓋丘腦的頂部。它包含各種神經束,這些神經束在前腦和中腦之間形成連接。同時,松果體也位於上丘腦,可分泌調節睡眠及覺醒週期以及生物鐘的激素——褪黑素。

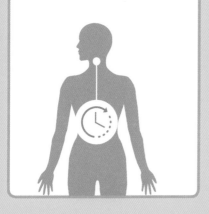

下丘腦的反應	
刺激	**反應**
日長	通過視覺系統接收日長的信號,幫助維持身體節律。
水	當血液中水分減少時,釋放血管緊張素(也叫抗利尿激素),以減少尿量。
進食	當胃呈充盈狀態,可釋放瘦素來減少飢餓感。
缺少食物	當胃排空時,分泌生長激素釋放肽來增加飢餓感。
感染	升高體溫,以幫助免疫系統更快地抵抗病原體。
壓力	增加皮質醇的分泌,皮質醇是一種幫助身體儲備體能的激素。
身體活動	刺激甲狀腺激素的產生以促進新陳代謝,而生長抑素則可減少代謝。
性行為	組織釋放催產素,可以幫助形成兩性關係。在分娩時,也會釋放催產素。

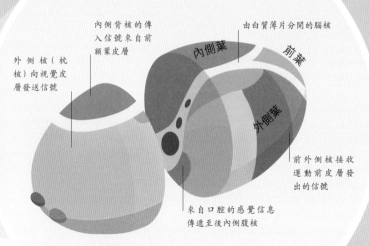

外側核（枕核）向視覺皮層發送信號

內側背核的傳入信號來自前額葉皮層

由白質薄片分開的腦核

內側葉

前葉

外側葉

前外側核接收運動前皮層發出的信號

來自口腔的感覺信息傳遞至後內側腹核

丘腦核
丘腦分為三個主要的葉：內側葉、外側葉和前葉，其中各自形成與特定功能集相關的區域或腦核。

丘腦

　　丘腦這個詞來源於希臘語中「內室」一詞，這個拇指大小的灰質位於腦的中央，介乎於大腦皮層和中腦之間。它是由多條神經束形成的，這些神經束通常在反饋迴路中，在腦的上下區域之間雙向發送和接收信號（參見第 91 頁）。丘腦與睡眠、警覺和控制意識有關。除味覺信號外，來自每個感覺系統的信號均通過丘腦傳遞至皮層處理。

下丘腦的重量只有 4 克，並不比尾指指尖大多少。

腦垂體

　　微小的腦垂體重約 0.5 克，在下丘腦的指揮下產生許多人體最重要的激素。這些激素通過一個微小的毛細血管網被釋放到血液中。垂體激素包括那些控制生長、排尿、月經週期、分娩和皮膚曬黑的激素。儘管只有豌豆大小，垂體仍可分成兩個主葉，即前葉和後葉，外加一個小的中間葉。每個垂體葉都致力於產生一組特定的激素。

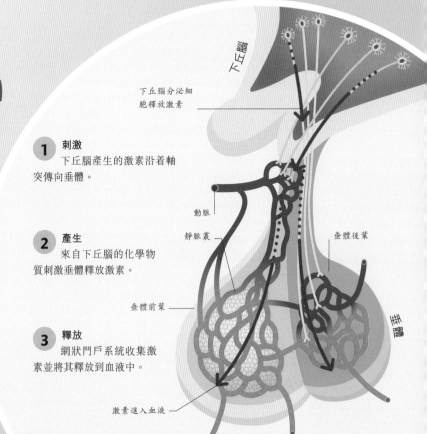

下丘腦

下丘腦分泌細胞釋放激素

1 刺激
　下丘腦產生的激素沿着軸突傳向垂體。

動脈

靜脈叢

垂體後葉

2 產生
　來自下丘腦的化學物質刺激垂體釋放激素。

垂體前葉

垂體

3 釋放
　網狀門戶系統收集激素並將其釋放到血液中。

激素進入血液

丘腦

中腦與覺醒狀態、體溫控制相關

中腦

小腦有多大?

腦的大部分細胞位於小腦,儘管小腦只佔整個腦體積的 10% 左右。

腦橋是一條主要的溝通路徑,其內包括負責呼吸、聽覺和眼球運動的顱神經

腦的連接

莖狀腦幹在丘腦(前腦的基部)和脊髓(與身體其他部位相連)之間形成一個連接。它涉及許多基本功能,包括睡眠及覺醒週期、飲食和調節心率。

腦幹

腦橋

腦幹

　　腦幹由三個部分組成,這三個部分在人體幾個最基本的功能中都起着重要的作用。中腦是網狀結構的起點,是一系列貫穿腦幹的腦核,與覺醒和警覺有關,在意識中起着至關重要的作用。腦橋是另一系列的腦核,負責發送和接收來自與面部、耳朵和眼睛相關的顱神經的信號。延髓向下走行並逐漸變窄,與脊髓的最上端融合。延髓處理許多自主身體功能,如血壓調節、臉紅和嘔吐。

腦幹發出 10 對顱神經

丘腦

腦幹　小腦

顱神經起止於腦幹的腦核

延髓

延髓參與重要的反射,如呼吸頻率和吞咽

腦幹和小腦

　　腦的下部區域為直接與脊髓相連的腦幹,而小腦則位於腦幹的正後方。

脊髓由一束連接周圍神經系統的神經軸突組成

小腦

「小腦」是一個表示「體積較小的腦」的術語，位於腦幹後方的後腦內高度摺疊的區域。小腦和它上面的大腦一樣，分成兩個葉，這兩個葉被橫向劃分為不同的功能區域。

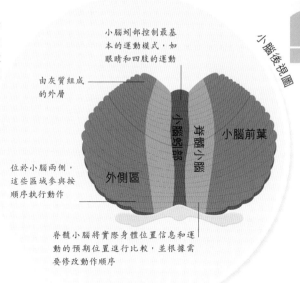

小腦蚓部控制最基本的運動模式，如眼睛和四肢的運動

由灰質組成的外層

小腦後視圖

小腦蚓部

脊髓小腦

小腦前葉

位於小腦兩側，這些區域參與按順序執行動作

外側區

脊髓小腦將實際身體位置信息和運動的預期位置進行比較，並根據需要修改動作順序

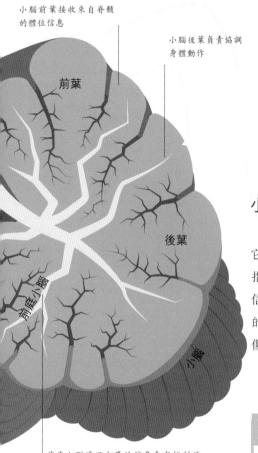

小腦前葉接收來自脊髓的體位信息

小腦後葉負責協調身體動作

前葉

後葉

前庭小腦

小腦

前庭小腦通過內耳的信息參與控制頭部、眼球運動和保持平衡。

小腦

　　儘管小腦似乎在保持注意力和處理語言方面起着一定的作用，但它在調節身體運動方面的作用最為重要。具體地說，它將粗略的運動指令轉化為平滑協調的肌肉動作，並持續糾錯。小腦通過丘腦輸出其信息。在顯微鏡下，小腦的細胞是分層排列的，其目的是為各種習得的運動模式，如行走、說話和保持平衡建立固定的神經通路。小腦損傷不會導致癱瘓，但會導致緩慢的抽搐。

通過對**第一次世界大戰**中腦損傷士兵的研究，人們提高了對**小腦的認識**。

小腦與神經網絡

一些人工智能（AI）系統的靈感來自小腦的解剖結構。AI 通過機器學習對自己編程。它是通過一種叫作神經網絡的處理器來實現的。在這種處理器中，輸入的信息通過層層連接反覆試錯，這種設置鏡像了小腦設定習得動作模式的方式。

邊緣系統

邊緣系統位於大腦皮層之下和腦幹之上，是與情緒、記憶和基礎本能等相關的結構的集合。

S 形**海馬體**因其與**海馬**相似而得名。

位置和功能

邊緣系統是位於腦中心的一組器官，佔據大腦皮層的部分內側面。它的主要結構形成一組模塊，在大腦皮層和下腦體之間傳遞信號。神經軸突連接邊緣系統的所有部分，並將它們連接到其他腦區域。邊緣系統通過學習、記憶和更高層次的精神活動，來調節本能衝動，如攻擊、恐懼和食慾。

穹窿是一束神經束，連接海馬體和丘腦及下半腦

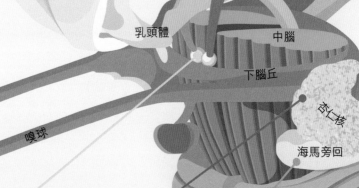

扣帶回

穹窿

穹窿柱

乳頭體

中腦

下腦丘

杏仁核

嗅球

海馬旁回

邊緣系統的組成部分
邊緣系統的組成部分從大腦向內向下延伸到腦幹，通常可理解為包括此處所示的結構。

氣味

新記憶

恐懼感

識別

氣味是由嗅球處理的，也是邊緣系統處理的唯一感覺，而不是通過丘腦傳遞的。

乳頭體充當下丘腦新記憶的中轉站。乳頭體損壞將導致患者無法感知方向，特別是方位感。

杏仁核最常見的功能是恐懼條件反射，通過杏仁核，我們學會了害怕一些事物。杏仁核也與記憶和情緒反應有關。

海馬旁回參與形成和恢復與感覺最新數據相關的記憶，幫助我們識別和回憶事物。

邊緣是甚麼意思？

「邊緣」一詞來源於拉丁語「limbus」，意思是「邊界」，指的是大腦皮層和其下層大腦之間的過渡區。

獎賞和懲罰

邊緣系統與憤怒和滿足感密切相關。憤怒和滿足感都是由於邊緣系統內獎懲中心的刺激，特別是下丘腦。獎懲是學習的重要方面，因為獎懲是對經驗的基本反應。如果沒有這個評分系統，我們的腦會忽略舊的感覺刺激，而只關注新的刺激。

愉悅
與多巴胺的釋放有關，腦會重複能產生這種感覺的行為。

厭惡
這種情緒與嗅覺相關聯。它最初的作用是保護我們免受感染。

恐懼
恐懼與杏仁核的特定刺激有關。這種情緒導致可控制的憤怒或戰鬥反應。

扣帶回有助於形成與強烈情緒相關的記憶

情節記憶

海馬體接收和處理來自大腦的輸入信息。它負責形成情節性的記憶，或者所做過的事情的記憶，以及創造空間意識。

克魯維兒—布西綜合徵狀

這是由邊緣系統的損傷引發的一系列與恐懼和衝動控制喪失相關的症狀，並以 20 世紀 30 年代的研究人員 Heinrich Klüver 和 Paul Bucy 命名，因兩位科學家進行了移除活猴的不同腦區域並觀察其影響的實驗。而在人類身上首次發現這種神經紊亂是在 1975 年。在人類中，這種綜合徵狀可能是由阿爾茨海默病、皰疹併發症或腦損傷引起的。最早的記錄是那些接受過腦顳葉部分切除手術的患者。此病可以通過藥物並輔以日常訓練來進行治療。

症狀	描述
失憶症	海馬體受損導致無法形成長期記憶。
馴服	由於對獎賞行為的慾望很少，患者缺乏動力。
口部過度活動	把東西放進嘴裏檢查的衝動。
異食癖	強迫性進食，包括吃像泥土這樣的不可食用的物質。
性慾亢進	性衝動很強，且通常與戀物癖或不典型的性喚起有關。
失認症	失去識別熟悉物體或人的能力。

腦的成像

現代醫學和神經科學可以透過顱骨觀察活體腦的結構。然而，將這個柔軟而複雜的器官成像則需要先進技術的發明。

磁共振成像掃描儀

磁共振成像（MRI）掃描儀能提供腦神經組織的最佳全景，且最常用於尋找腫瘤。與其他掃描系統不同，核磁共振成像不會使腦暴露在高能輻射下，這使得它可以安全地長時間、多次使用。磁共振成像的兩個改進稱為功能磁共振成像和彌散張量成像（DTI），對監測腦活動（參見第 43 頁）也很有用。雖然磁共振成像是一種理想的研究和診斷工具，但價格昂貴。有液氦冷卻系統和超導電磁鐵，一台掃描儀的用電量相當於六戶人家的總用電量。

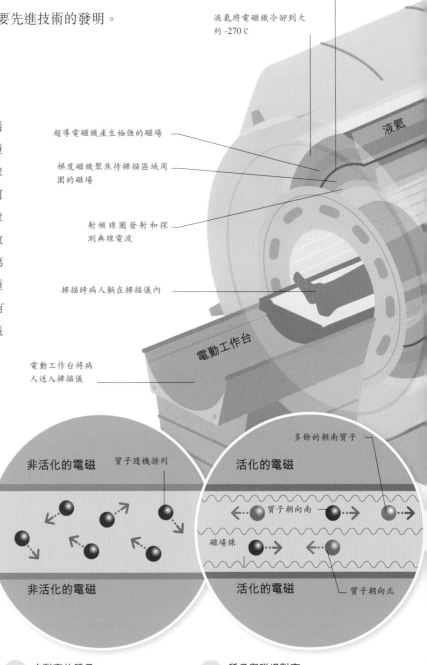

保溫層使液氦保持低溫

液氦將電磁鐵冷卻到大約 -270℃

超導電磁鐵產生極強的磁場

梯度磁鐵聚焦待掃描區域周圍的磁場

射頻線圈發射和探測無線電波

掃描時病人躺在掃描儀內

電動工作台將病人送入掃描儀

液氦

電動工作台

磁共振成像的工作原理
磁共振成像利用了氫原子中的質子與磁場對齊的方式。氫存在於水和脂肪中，這兩種物質在腦中都很常見。核磁掃描大約需要一個小時，然後對數據進行處理以生成詳細圖像。

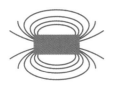

磁共振成像掃描儀中的電磁鐵能產生比地球強 4 萬倍的磁場。

非活化的電磁

質子隨機排列

非活化的電磁

活化的電磁

多餘的朝南質子

質子朝向南

磁場線

活化的電磁

質子朝向北

1 **未對齊的質子**
在磁共振成像掃描儀被激活之前，腦內分子中的質子是不對齊的，即粒子繞其旋轉的軸以隨機方向旋轉。

2 **質子與磁場對齊**
激活機器強大的磁場迫使所有的質子相互對齊。這些質子大約一半朝北極，一半朝南極。然而，對一個極來說，面對它的質子總是比背對它的質子稍多。

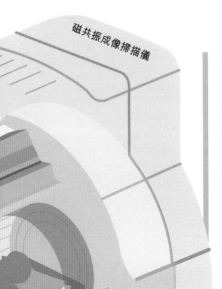

磁共振成像掃描儀

射頻線圈
梯度磁
電磁鐵

CT 掃描

　　電腦斷層掃描（CT）或電腦軸位斷層掃描（CAT）從不同角度拍攝腦的一系列 X 射線圖像。然後，電腦將這些圖像進行比較，形成腦的單一橫截面。CT 掃描比 MRI 快，最適合檢測中風、顱骨骨折和腦出血。

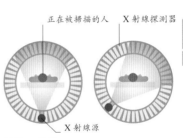

正在被掃描的人　　　X 射線探測器

X 射線源

旋轉 X 射線

X 射線源照射全腦，在患者周圍形成弧形，以改變每張圖像的角度。

其他類型的掃描技術

當需要對某些腦特徵進行特殊成像，或不適合進行 MRI 或 CT 時，也可以使用以下技術。

掃描類型	技術及用途
正電子發射斷層掃描（PET）	用於對流經腦的血液進行成像並突出活動區域。PET 掃描追蹤注入血液的放射性示蹤劑的位置。
擴散光學成像（DOI）	一系列新技術通過檢測強光或紅外線如何穿透人腦而起作用。擴散光學成像是一種監測血流和腦活動的方法。
頭顱超聲	一種基於超聲波反射出腦結構的安全的成像技術。頭顱超聲主要用於嬰兒。因為其圖像缺乏細節，故很少在成年人腦的掃描中使用。

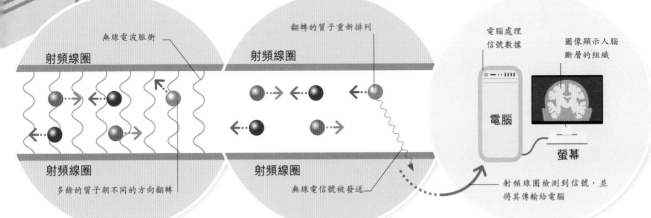

射頻線圈

無線電波脈衝

射頻線圈

多餘的質子朝不同的方向翻轉

翻轉的質子重新排列

射頻線圈

射頻線圈

無線電信號被發送

電腦處理
信號數據

圖像顯示人腦
斷層的組織

電腦

螢幕

射頻線圈檢測到信號，並將其傳輸給電腦

3　無線電波的脈衝

　　當磁場打開時，磁共振成像掃描儀的射頻線圈通過人腦發送一個無線電波脈衝。這種額外能量的輸入使多餘的質子發生翻轉，並不處於一條直線。

4　無線電信號被發送後

　　一旦脈衝被關閉，未對準的質子就會倒轉回來與磁場對準。這會使它們將能量作為無線電信號釋放，並由機器檢測到。

5　接收器產生圖像

　　隨後所有的信號數據由電腦處理，形成人腦的二維「切片」。不同身體組織中的質子產生不同的信號，因此掃描儀可以清楚而詳細地顯示出不同的組織。

對腦的監測

能夠從工作中的大腦中收集信息，已經徹底改變了我們對腦功能和腦醫學的認知。

腦電圖儀

最簡單的腦監測儀是腦電圖儀 (EEG)。腦電圖儀利用遍佈顱骨的電極接收大腦皮層神經元活動產生的電場。神經元活動變化的水平可以顯示為波（「普通 EEG」）或彩色區域（定量 EEG 或 QEEG）。腦電圖可以顯示癲癇等發作的證據，以及損傷、炎症和腫瘤的跡象。無痛腦電圖也用於評估昏迷患者的腦活動。

為甚麼腦會產生電磁場？

神經元利用電脈衝來傳遞信息，數十億個細胞的活動可積累成一個恆定的電磁場。

腦電波的類型

大腦皮層中相鄰的細胞同時放電，電場強度產生波紋狀的改變。有研究發現，波形特徵（以希臘字母命名）與特定的腦狀態密切相關。

γ 腦電波

高頻波緊緊地擠在一起

大於 32 赫茲

振幅 / 時間

這些節律與學習和解決複雜任務有關。這些波紋的產生可能由一羣神經元與神經網絡連接所致。

β 腦電波

14 ～ 32 赫茲

振幅 / 時間

源自腦前方的雙側半球，與一些身體活動、專注狀態及焦慮有關。

δ 腦電波

低頻波，且間隔很寬

0.1 ～ 4 赫茲

振幅 / 時間

一般見於睡眠的某個階段，但同時也出現於正在解決複雜問題的時候。

α 腦電波

8 ～ 14 赫茲

振幅 / 時間

這些由腦的較後部分發出，以及在主要的半球有較強的地位，常見於放鬆及警覺的狀態。

θ 腦電波

4 ～ 8 赫茲

振幅 / 時間

通常見於較小的兒童，但同時也出現於放鬆、想像及冥想時。

電極置於靠近顱骨的地方

電線將信號傳送到放大器

腦磁圖儀

除進行電活動以外，腦還產生微弱的磁場。腦磁圖儀（MEG）可以監測到腦的磁場，以實時記錄大腦皮層的活動。由於腦磁性較弱，腦磁圖的應用受到一定程度的限制，但這項技術可以監測到腦活動的快速波動，而這種波動僅出現於幾千分之一秒的時間；腦磁圖在這方面的作用比其他監測系統更好。

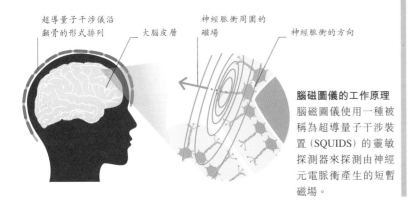

超導量子干涉儀沿顱骨的形式排列

大腦皮層

神經脈衝周圍的磁場

神經脈衝的方向

腦磁圖儀的工作原理
腦磁圖儀使用一種被稱為超導量子干涉裝置（SQUIDS）的靈敏探測器來探測由神經元電脈衝產生的短暫磁場。

功能磁共振與彌散張量成像

磁共振成像掃描儀（參見第40～41頁）的應用可以擴展到收集腦正在做甚麼的信息。功能磁共振成像掃描儀（fMRI）跟蹤血液流經腦的情況，特別是顯示出給神經元供氧的部位，從而提示哪些區域正處於活躍狀態。要求受試者在功能磁共振成像的監測下執行心理和生理任務，以創建結合解剖學和活動水平的腦和脊髓的功能圖。彌散張量成像（DTI）也使用核磁共振成像，其原理為跟蹤水通過腦細胞的自然運動。彌散張量成像可用來建立腦內白質連接的「地圖」。

神經反饋

這種形式的認知療法是利用腦電圖在人的精神狀態和腦活動之間建立一個反饋迴路。這使得人們更容易學會控制不受歡迎的心理活動，比如焦慮。

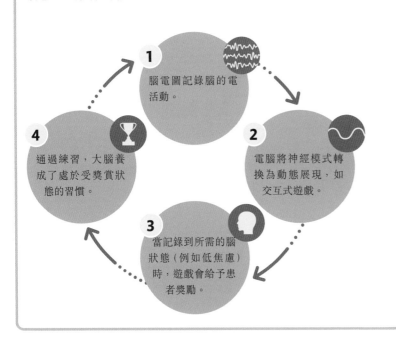

1 腦電圖記錄腦的電活動。

2 電腦將神經模式轉換為動態展現，如交互式遊戲。

3 當記錄到所需的腦狀態（例如低焦慮）時，遊戲會給予患者獎勵。

4 通過練習，大腦養成了處於受獎賞狀態的習慣。

活動增加的區域

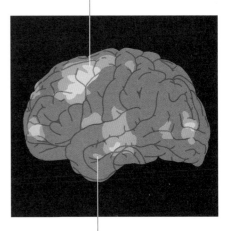

活動減少的區域

功能磁共振成像的解讀
功能磁共振成像掃描首先建立腦活動的基線。然後，掃描顯示出從該基線波動的區域，使研究人員能夠計算出在特定任務期間哪些區域出現興奮或抑制。

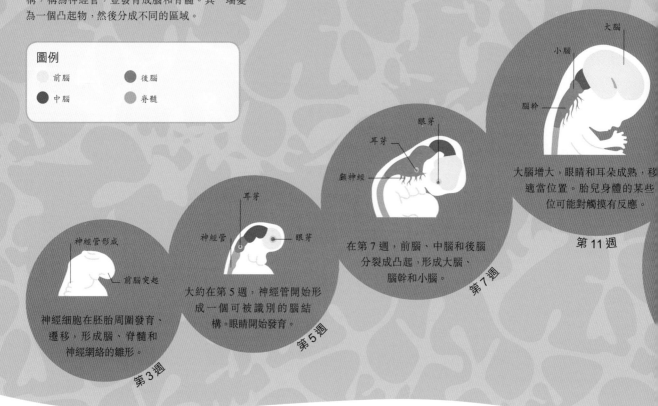

腦的發育

第一批神經細胞是在受孕幾天後產生的。這些細胞最開始形成一個板，然後捲曲成充滿液體的結構，稱為神經管，並發育成腦和脊髓。其一端變為一個凸起物，然後分成不同的區域。

圖例

- 前腦
- 後腦
- 中腦
- 脊髓

神經管形成
前腦突起

神經細胞在胚胎周圍發育、遷移，形成腦、脊髓和神經網絡的雛形。

第 3 週

耳芽
神經管
眼芽

大約在第 5 週，神經管開始形成一個可被識別的腦結構。眼睛開始發育。

第 5 週

眼芽
耳芽
顱神經

在第 7 週，前腦、中腦和後腦分裂成凸起，形成大腦、腦幹和小腦。

第 7 週

大腦
小腦
腦幹

大腦增大，眼睛和耳朵成熟，移至適當位置。胎兒身體的某些部位可能對觸摸有反應。

第 11 週

嬰幼兒

　　人腦在受孕後開始發育，在生命的最初幾年裏變化迅速，但需要 20 多年才能完全成熟。

出生前

　　胚胎的腦需要經歷複雜的發育過程，從受孕後 3 週的幾個神經細胞，逐步發展成器官。細胞在各種特定區域由出生起開始學習，這個發育過程由基因控制，環境也可對其產生影響。營養不足會影響腦的發育，而懷孕期間母親受到的極端壓力也會對其產生影響。

識別人臉

嬰兒更喜歡看像臉一樣的圖像，並能快速識別面孔。在大腦皮層中被稱為面部識別區的區域專門識別人臉。同時。國際象棋冠軍也通過這個區域來識別棋盤佈局，這表明一個人生活中最重要的模式是在該處解碼的。

人臉樣

非人臉樣

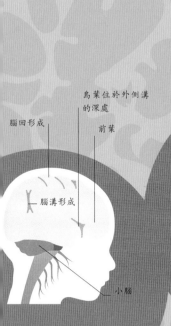

腦回形成

島葉位於外側溝的深處

前葉

腦溝形成

小腦

腦幹接近成熟，並能控制一些反射，如眨眼。睡眠及覺醒週期開始，胎兒開始對較大的噪聲產生反應。

第 5 個月

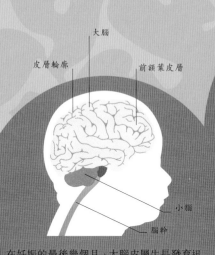

大腦

皮層輪廓

前額葉皮層

小腦

腦幹

在妊娠的最後幾個月，大腦皮層生長發育迅速，出現了特徵性的溝槽。嬰兒出生時的神經元數量和成人一樣多，但大多數還未發育成熟。

第 9 個月 / 出生

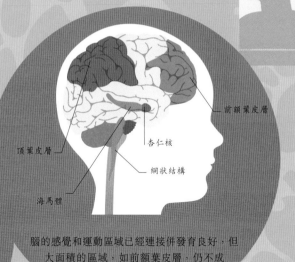

頂葉皮層

海馬體

杏仁核

網狀結構

前額葉皮層

腦的感覺和運動區域已經連接併發育良好，但大面積的區域，如前額葉皮層，仍不成熟。海馬體和杏仁核的變化使長期記憶得以保留。

3 歲

在腦發育的高峰期，每分鐘大約有 250,000 個神經元形成。

兒童的腦

出生後，嬰兒的腦就像海綿一樣；他們以不可思議的能力從周圍的世界獲取信息，並試圖理解這些信息。在最初的幾年裏，嬰兒的腦生長發育迅速，在出生後的第一年腦容量就翻倍。同時，突觸快速生長並形成新的連接，這一過程稱為神經可塑性。

建立連接
腦的不同區域的可塑性峯值是不同的。感覺區在出生後 4～8 個月迅速建立突觸，但前額葉區域在嬰兒 15 個月左右才達到可塑性的高峯。

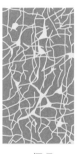

新生兒　　　9 個月　　　2 歲

為甚麼我們的腦有褶皺？

隨着人類智能的發展，我們的大腦皮層也在擴張。但如果頭太大了則會導致嬰兒不能順利通過產道，而摺疊的皮層可將更多的組織壓縮成更小的體積。

兒童和青少年

青少年時，人的腦部會經歷戲劇性的重組。其中，未使用的連接被「修剪掉」，而最重要的連接則由絕緣髓鞘包裹，使它們更具有效能。

青少年的行為

青少年的顯著特徵為衝動、叛逆、自我中心和情緒化。這在很大程度上是基於青少年腦部的變化。人類的腦以固定的模式變化和發展，在青少年成長過程中出現了成熟和不成熟的混合腦區。最後一個完全發育的區域是額葉皮層，這個區域調節腦並控制衝動。額葉皮層允許成年人對自己的情緒和慾望進行自我控制，而青少年由於額葉皮層沒有發育成熟，則需要努力克服自己的情緒和慾望。

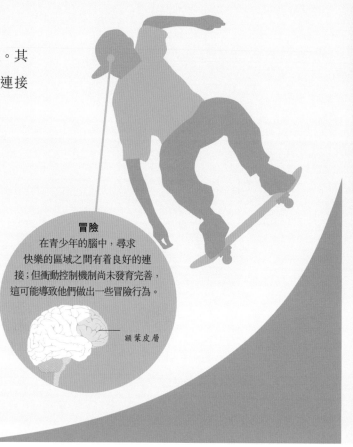

冒險
在青少年的腦中，尋求快樂的區域之間有着良好的連接；但衝動控制機制尚未發育完善，這可能導致他們做出一些冒險行為。

額葉皮層

睡眠週期

在我們十多歲的時候，需要充足的睡眠來支持腦的持續發育。但在這個時期，通常在晚上釋放並導致我們產生睡意的褪黑素釋放開始變晚，從而導致我們的睡眠節律發生了變化。這也就是為甚麼與兒童和成人相比，青少年常常更喜歡熬夜，而第二天該上學的時候又起不了床。

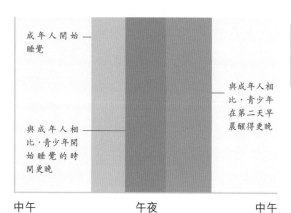

成年人開始睡覺

與成年人相比，青少年開始睡覺的時間更晚

與成年人相比，青少年在第二天早晨醒得更晚

中午　　　午夜　　　中午

圖例
● 成年人的睡覺時間
● 青少年的睡覺時間

不同步
一大早叫醒青少年上學，就好像使他們持續處於時差的狀態。研究表明，將上學時間推遲一小時，可以改善青少年的考勤率和成績。此外，還可以減少他們打架、甚至車禍的發生。

突觸的修剪

突觸的修剪，即未使用的神經連接消失的現象，從兒童時期就開始了，並持續至青少年時期。皮層區域的修剪方向為從後向前，突觸的修剪使每個區域的工作更有效率，因此，直至突觸修剪完成，方可認為這個區域是完全成熟的。

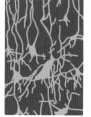

未成熟　　　成熟

笨拙

在快速生長的過程中，腦的發育跟不上身體的發育速度。因此，腦和身體的發育不同步，從而導致青少年有許多笨拙的行為。

運動皮層

極端情緒

邊緣系統在青少年的腦中是高度活躍的，這意味着他們會經歷更強烈的情緒反應，從而對事物的感覺更加深刻。

邊緣系統

來自同伴的壓力

青少年非常在乎他們的朋友是如何看待他們的。他們會與同齡人一起冒險，而一旦被排除在外，則會感到很痛苦。不管是好還是壞，同齡人的壓力都會對他們產生很大的影響。

心理健康的風險

在青春期經歷最劇烈變化的，是與精神疾病有關的大腦區域。這些變化會使大腦容易受到各種問題的影響，從而出現功能紊亂。這也許可以解釋為甚麼青春期會出現如此多的心理健康問題，從精神分裂症到焦慮症。

腦在 **11 到 14 歲**之間的物理尺寸**最大**。

ADHD 行為障礙　　　　並非所有的精神疾病都會持續到成年時期

焦慮症

情緒障礙

青春期疾病
一些出現在兒童早期的疾病可能在青春期消失，而另一些則可能持續到晚年。

精神分裂症

藥物濫用

0　　5　　10　　15　　20　　25

歲（年）

為甚麼青少年有自我意識？

當我們想到過去經歷的尷尬場景時，與成年人相比，青少年前額葉皮層中與理解精神狀態相關的區域更活躍。

成年人的腦

隨着未使用的連接「被剪掉」，人類的腦在整個成年早期都在不斷變化和成熟。這使得腦的工作效率更高，但同時也不那麼靈活了。

健康

成人生活

一個完全發育成熟的腦能夠處理成人從工作、財務到人際關係和健康的所有競爭性需求和壓力。

家庭

財政

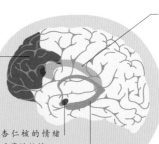

胼胝體發育完全，允許信息在腦半球之間傳遞

最後一個完全成熟的區域是額葉

杏仁核的情緒反應性較低

海馬體繼續產生新的腦細胞

成熟的腦

完整的髓鞘（髓鞘中軸突的鞘層）允許信息自由流動，但這過程要在一個人 20 多歲時才完成。最後一個成熟的腦區域是負責判斷和抑制的額葉。與兒童和青少年相比，成年人能夠更好地調節情緒和控制衝動。他們可以利用經驗更好地預測自己行為的結果，以及這些行為可能帶給別人的感覺。

人的**腦白質**體積在 **40 歲**左右最大。

道德

將來

工作

神經新生

神經新生是指神經乾細胞（可以分化為其他細胞的細胞）發育成新的神經元細胞。在許多哺乳動物中，神經新生位於海馬區和嗅區，這個過程可持續一生，伴隨新的神經元規律性產生。在人類身上也是如此，儘管相關數據更為複雜。神經新生也可能在學習和記憶中起作用。

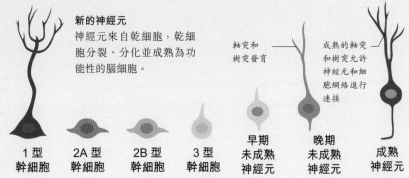

新的神經元
神經元來自乾細胞，乾細胞分裂、分化並成熟為功能性的腦細胞。

軸突和樹突發育

成熟的軸突和樹突允許神經元和細胞網絡進行連接

1 型幹細胞　2A 型幹細胞　2B 型幹細胞　3 型幹細胞　早期未成熟神經元　晚期未成熟神經元　成熟神經元

擾亂記憶

新的腦細胞可幫助儲存信息，因此促進腦中的神經新生可改善成年後的學習能力。然而，這樣也可能導致遺忘。在已有記憶迴路的基礎上，加入新的腦細胞並建立新的連接，可能會與現有的記憶迴路產生競爭，並擾亂現有的記憶迴路。這就意味着神經新生可能有一個最佳水平，這個最佳水平是指在保留舊的記憶和學習新技能之間保持一種平衡。

記憶的儲存
由於新的腦細胞的產生，海馬區的記憶可能在其被儲存於皮層之前就出現了退化。這也許可以解釋我們為甚麼記不住自己嬰兒時期的事情。

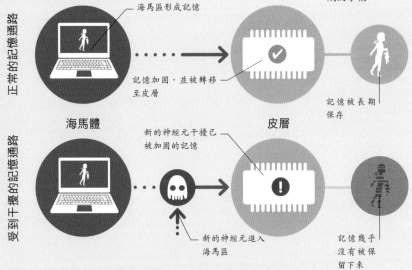

正常的記憶通路

海馬區形成記憶

記憶加固，並被轉移至皮層

記憶被長期保存

受到干擾的記憶通路

海馬體

新的神經元干擾已被加固的記憶

皮層

記憶幾乎沒有被保留下來

新的神經元進入海馬區

老年人的腦

　　隨着年齡的增長，一些能力隨着神經元的退化和腦體積的縮小而下降。在保留下來的神經元中，神經脈衝的傳播速度可能會變得更慢。

萎縮的腦

　　隨着年齡的增長，神經元退化時數量會自然減少，整個腦體積將縮小 5% ～ 10%，這種現象部分是由於衰老的腦的血流減少所致。同時，隔離神經元軸突的脂肪髓鞘也會隨着年齡的增長而衰退，使得腦迴路傳遞信息的效率降低，這可能導致記憶喚起和保持平衡的能力出現問題。

圖例
- ● 灰質
- ● 基底神經節
- ● 白質
- ● 腦室

妹網膜下腔大小正常

腦室是正常大小的空腔

白質束處於良好狀態

無任何異常的健康的基底神經節

年輕的腦
年輕的腦看起來很豐滿；覆蓋在皮層表面的脊幾乎可以觸摸到。腦中央充滿液體的腦室很小，包圍和緩衝腦的蛛網膜下腔形成了一個薄層。

衰老與幸福

　　衰老可能看起來是件壞事，但研究表明，隨着年齡的增長，我們的幸福感和安寧感也會增加，壓力和擔心程度會降低。老年人的腦似乎更善於關注積極的一面。比起悲傷的畫面，他們更容易記住快樂的畫面；花更多的時間看快樂的臉，而不是生氣或沮喪的臉。

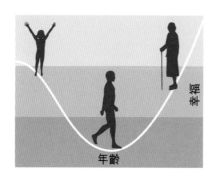

起起伏伏
一項研究發現，年輕人和老年人的幸福感高於中年人。從 50 歲開始，幸福水平穩步上升。

幸福

年齡

阿爾兹海默病

阿爾兹海默病是最常見的痴呆症（參見第 200 頁），該病與腦中蛋白質的積聚有關。這些蛋白質聚集成斑塊和纏結。最終，受影響的腦細胞死亡，導致記憶喪失和其他症狀。科學家們還不知道這些蛋白質究竟是引起這種疾病的原因，還是這種疾病的症狀表現，而分解這些蛋白質的藥物也並沒有起到治療效果。

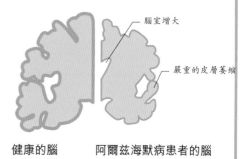

腦室增大

嚴重的皮層萎縮

健康的腦　　　阿爾兹海默病患者的腦

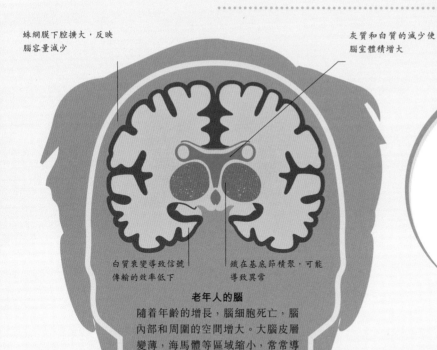

蛛網膜下腔擴大，反映
腦容量減少

灰質和白質的減少使
腦室體積增大

白質衰變導致信號
傳輸的效率低下

鐵在基底節積聚，可能
導致異常

老年人的腦

隨着年齡的增長，腦細胞死亡，腦
內部和周圍的空間增大。大腦皮層
變薄，海馬體等區域縮小，常常導
致記憶出現問題。灰質 (神經元體)
和白質 (密集的軸突) 都丟失了。

阿爾茲海默病有治療
辦法嗎？

藥物治療可以減緩疾病
的發展，並控制一些症
狀，但治療阿爾茲海默
病的方法尚未找到。

**「超級老人」的大腦一
輩子看起來都很年輕。**

緩慢下降？

　　隨着年齡的增長，注意力減退，大
腦變得不那麼可塑。這使得學習更加困
難，但並非不可能。事實上，終生學習
新事物可以促進腦健康，並通過強化神
經突觸來延緩認知能力的下降。另外年
齡增長也帶來了一些好處：相對來說，
老年人更善於從一個情景中提煉出
重點，並利用他們的生活經驗來解決問題。

技能和能力

「西雅圖縱向研究」對成年人進行50年的追
蹤調查，結果發現像掌握詞彙和常識這樣的
技能在我們一生中的大多數時間都在不斷提
高。

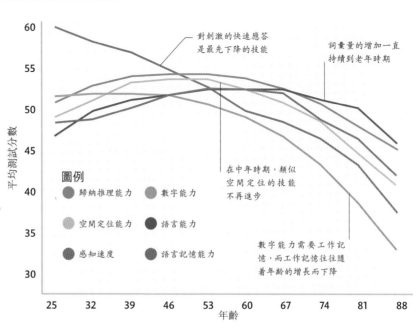

對刺激的快速應答
是最先下降的技能

詞彙量的增加一直
持續到老年時期

在中年時期，類似
空間定位的技能
不再進步

數字能力需要工作記
憶，而工作記憶往往隨
着年齡的增長而下降

圖例

- 歸納推理能力
- 數字能力
- 空間定位能力
- 語言能力
- 感知速度
- 語言記憶能力

平均測試分數

60
55
50
45
40
35
30

25　32　39　46　53　60　67　74　81　88
年齡

隨着年齡的增長，大多數人都會出現思維速度的輕微下降以及工作記憶的減退（參見第 135 頁）。有些人會經歷嚴重的功能衰退甚至變得痴呆（參見第 200 頁），但這絕不是無法避免的。事實上，一些認知能力，比如我們對生活的整體理解能力，甚至隨着年齡的增長而提高。

我們從父母處繼承了基本認知功能，但這種基因「藍圖」也受到環境和生活經歷的影響，包括營養、健康、教育、壓力水平和人際關係。此外，身體、社交和智力刺激活動也起着關鍵作用。

預防衰老

我們可以採取一系列措施來保護大腦的健康。飲食多攝取蔬菜、水果、「有益」脂肪和營養素（參見第 54 ～ 55 頁），可以保持腦和身體的健康，同樣，適度有規律的體育活動亦有裨益。而慢跑或其他有氧運動，則有助於延緩與年齡相關的記憶力和思維速度的下降。

不喝酒、不吸煙可以保護大腦健康。吸煙與大腦皮層受損有關，如果實在要喝酒，可將酒精攝入量保持在健康的飲酒範圍內，且每週至少有兩天不喝酒。

讓大腦保持興奮，任何涉及學習的心理挑戰，從家庭維修到烹飪再到填字遊戲，都會拓展認知技能。你也可以考慮學習一門新語言，因為説兩種或兩種以上語言的人，比只説一種語言的人有更強的認知能力。

總結來説，你可以通過以下方式減緩認知老化：

- **讓大腦得到充足的氧氣和營養。**
- **避免接觸酒精和尼古丁等有害物質。**
- **堅持日常鍛鍊身體。**
- **通過學習新技能來鍛鍊頭腦。**

如何減緩衰老的影響

隨着年齡的增長，我們的思維和短期記憶的效率可能會降低。然而，我們可以活到老，學到老，採取積極的措施，使大腦在任何年齡都能正常工作。

大腦食物

與其他器官一樣，腦部需要持續提供水和營養來維持健康，並為其高效運轉提供能量。

為腦部補充養料

健康的飲食有益於身心健康。複合性碳水化合物可提供穩定的養料；這些物質多見於全麥麵包、糙米、豆類、薯仔和蕃薯中。健康的脂肪對維持腦細胞運轉至關重要，這些脂肪來自魚類、植物油和植物性食物，如牛油果和亞麻籽。蛋白質可提供氨基酸，而水果和蔬菜則提供水、維他命和膳食纖維。

水分

腦細胞需要充足的水分才能有效工作。研究表明，脫水會損害注意力和精神活動的能力，並對記憶產生負面影響。我們攝入的水有一部分來自食物，而每天喝幾杯水有助於保持健康的水合水平。

營養的來源
新鮮水果和蔬菜、豆類和扁豆、全穀物、橄欖油等健康脂肪和鮭魚等魚類都為腦部提供了重要的營養。

油性魚類
奧米加 3 脂肪酸及維他命 B6、B12、D

沙丁魚

三文魚

捲心菜

花椰菜和西蘭花

鳳尾魚

椰菜苗

鯖魚

覆盆子

桑椹

藍莓

蕃薯

橄欖油

草莓

黑加侖子

藜麥

柯杞

蔓越莓

豆類

抗氧化物·纖維·維他命 C

海類

豆莢植物

全麥

全麥和澱粉蔬菜
複合性碳水化合物、維他命 B、膳食纖維

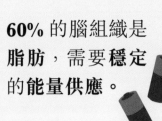

60% 的腦組織是
脂肪，需要**穩定**
的**能量供應**。

十字花科蔬菜及深綠葉植物
抗氧化物、纖維及養素

羽衣甘藍

菠菜

甜菜

橄欖

菜油

亞麻籽油

橄欖及植物油
奧米加 3 和奧米加 6 脂肪酸、單元不飽和脂肪

奧米加 3 和奧米加 6 脂肪酸

重要的營養素

　　人們發現，食物中的某些營養素可以改善或維持特定的腦功能。這些物質包括維他命和礦物質、奧米加 3 和奧米加 6 脂肪酸、抗氧化物和水。這些重要的營養素有助於維持腦細胞的健康，使細胞能夠快速有效地傳遞信號，減少炎症和自由基（損傷細胞、蛋白質和 DNA 的原子）的損傷，並幫助細胞形成新的連接。它們還可以促進神經遞質的產生和增強其功能。因此，經常食用含有這些營養素的食物對記憶、認知、注意力和情緒都有益。

營養素	益處	來源
奧米加 3 和奧米加 6 脂肪酸	幫助維持腦內的血液流動和細胞膜；幫助記憶，降低抑鬱、情緒障礙、中風和痴呆的風險	魚類（如三文魚、沙丁魚、鯡魚、鯖魚）、亞麻籽油、菜籽油　　核桃、松子、巴西堅果
維他命 B	維他命 B6、B12 和葉酸，支持神經系統功能；膽鹼有助於神經遞質的產生	雞蛋　　全穀類食品（如燕麥片）、糙米、全麥麵包、十字花科蔬菜（捲心菜、西蘭花、花椰菜、羽衣甘藍）　　腰豆和大豆
氨基酸	支持神經遞質的產生，輔助記憶和幫助集中注意力	有機肉　　放養的家禽　　魚　　蛋　　乳製品　　堅果和種子
單元不飽和脂肪	幫助維持血管健康，以及支持一些功能如記憶	橄欖油　　花生、杏仁、腰果、榛子、山核桃、開心果、牛油果
抗氧化物	自由基的存在，幫助腦細胞免受炎症損傷；改善老年人的認知功能和記憶能力	黑巧克力（至少 70% 的可可）、莓類　　石榴和石榴汁　　研磨咖啡　　茶（特別是綠茶）　　十字花科蔬菜　　深綠葉植物　　大豆及其製品　　堅果和種子　　堅果黃油（如花生）　　牛油和芝麻醬
水	使腦保持水分含量，從而進行有效的化學反應	自來水（特別是「硬水」）　　水果和蔬菜

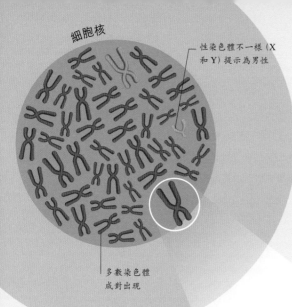

細胞核

性染色體不一樣（X 和 Y）提示為男性

多數染色體 成對出現

染色體

人有大約 2 萬個基因，它們存在於染色體上。每個細胞核中有 22 對染色體（稱為常染色體），外加一對性染色體（女性為相同的 X、X 染色體，而男性為不相同的 X、Y 染色體）。

基因總是活躍的嗎？

每個攜帶 DNA 的細胞都有一整套基因，但許多基因通常只在身體的一個部位（如腦），或在生命的某一階段（如嬰兒期）活躍。

DNA 和基因

DNA 分子是一條長而彎曲的鏈，由一對對稱為鹼基的化學物質組成。鹼基是遺傳密碼的「字母」，每一個鹼基邊都有一個糖及磷酸主鏈。當細胞分裂時，有一半的 DNA 進入每個新細胞。此外，我們從母親和父親各繼承一條染色體，因此父親或母親均貢獻了我們一半的基因。

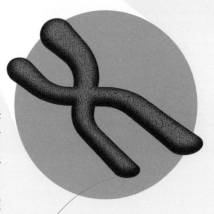

甚麼是基因？

基因是脫氧核糖核酸（DNA）長分子的一部分，它包含控制身體發育和功能的密碼。我們從父母處繼承了他們的基因，這些基因產生蛋白質，可以塑造身體特徵，如眼睛的顏色，或調節化學反應。基因會「開啟」或「關閉」這些特徵，或使它們變得更強或更弱。

DNA 螺旋本身是緊密盤繞的

單側的鹼基與另一側的互補鹼基配對

每條鏈的外緣由糖和磷酸分子構成

腺嘌呤、胸腺嘧啶、鳥嘌呤和胞嘧啶四種鹼基按特定的順序排列，編碼我們的遺傳信息

腺嘌呤（紅色）總是與胸腺嘧啶（黃色）結合

基因和腦

基因控制着人的身體，包括腦的發育和功能。基因與環境一起塑造着我們從一個受精卵到成為老年人的一生。

突變

當細胞分裂時,雙鏈 DNA 分裂成單鏈,每個鹼基與一個新的互補鹼基配對,形成 DNA 的兩個新副本。但是,有時在複製的過程中,DNA 的序列會發生改變。這可能導致基因產生一種不同的蛋白質,或使其原來編碼的蛋白質完全停止工作。基因突變可能在一生中任何時候發生,但也可能自父母處遺傳而來。

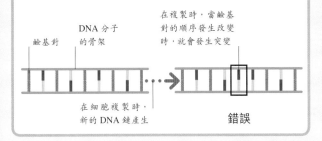

鹼基對

DNA 分子的骨架

在複製時,當鹼基對的順序發生改變時,就會發生突變

在細胞複製時,新的 DNA 鏈產生

錯誤

至少三分之一的基因活躍在我們的腦中。

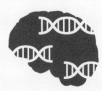

鳥嘌呤 (藍色) 總是與胞嘧啶 (綠色) 結合

基因缺陷如何影響腦

基因並不能直接控制行為,但是它們控制着神經細胞的數量和特徵,而神經細胞的行為決定了我們的腦功能。例如,一些基因會影響神經遞質的水平 (參見第 24 頁),而神經遞質又會調節記憶、情緒、行為和認知等功能。一個有缺陷的基因可能無法產生維持大腦健康功能所需的蛋白質,或者可能增加患阿爾茲海默病等疾病的風險。有些基因缺陷從父母處遺傳而來;此處顯示了兩種遺傳模式。

常染色體顯性遺傳

在常染色體顯性遺傳病中,如亨廷頓氏病,父母雙方僅一方將有缺陷的基因遺傳給孩子。

常染色體隱性遺傳

在常染色體隱性遺傳疾病中,如神經節苷脂沉積病 (Tay-Sachs),只有父母雙方都攜帶了錯誤的基因,這種疾病才會發生。攜帶者本身沒有疾病,但可以將有缺陷的基因傳遞給後代。

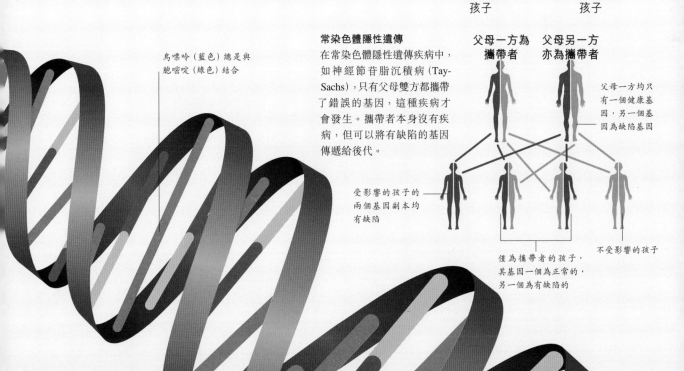

受影響的父母

不受影響的父母

存在缺陷基因

僅存在正常基因

受影響的孩子

不受影響的孩子

父母一方為攜帶者

父母另一方亦為攜帶者

父母一方均只有一個健康基因,另一個基因為缺陷基因

受影響的孩子的兩個基因副本均有缺陷

僅為攜帶者的孩子,其基因一個為正常的,另一個為有缺陷的

不受影響的孩子

胎兒的性別何時確定？

染色體性別是在受精時確定的，而生理性分化則發生在受精後 7～12 週。

在男性的腦部較大

♂

丘腦

這一區域是大腦皮層和深層結構之間的「中轉站」，在男性中比在女性中更大。女性丘腦的兩側更容易相連，但這一特徵的意義尚不清楚。

在女性的腦部較大

♀

胼胝體

在女性中，連接腦左右半球的胼胝體更大。這與女性更強的認知能力有關，可能是由於雙側腦半球共享腦的功能，而在男性的腦中無此種現象。

在男性的腦部較大

♂

海馬體

男性的前海馬更大，前海馬負責獲取和編碼新的空間視覺信息；而女性的後海馬更大，後海馬負責檢索現有的空間視覺知識。

身體差異

　　男女性別之間的差異始於受孕時的性染色體：女性為 XX，男性為 XY。在母體子宮中，孕期母體釋放的睪丸激素使男性胎兒「男性化」，引發腦和身體結構性別差異加大。隨着我們的成長和發育，這些差異將出現在許多不同的腦結構中（見右圖）。性別之間的認知和技能差異是從兒童時期就存在的。成年男性的腦平均比成年女性的腦大 8%～13%。此外，成年男性的腦在體積和皮質厚度上的變化也往往比女性大。

男性和女性的腦

　　科學家們發現男性和女性的腦有着很明顯的差異。然而，這些差異如何影響我們對周圍事物的態度、活動及反應尚不十分清楚。這些差異可能來自腦在生活中的使用方式，以及它的物理形態的不同。

所有人類胚胎的腦都是從**女性腦**開始其生命的，「創造」**男性**需要額外的**荷爾蒙**

下丘腦
下丘腦中，控制男性典型性行為和壓力反應的某些區域，在異性戀的男性中比在女性或同性戀的男性中更大。

在男性的腦部較大 ♂

在男性的腦部較大 ♂

杏仁核
杏仁核參與情緒反應、決策和形成情緒記憶，男性的杏仁核稍大。然而，不同性別間，對消極和積極情緒刺激的反應是明顯不同的。

腦的結構
成年男性和成年女性的腦中有幾個區域存在可量化的生理差異。主要區域如圖所示。這些差異是如何影響認知和心理的，目前正在進行科學研究。

功能上的差異

　　男性和女性的腦在功能和結構上都有所不同。男性的腦似乎更「側化」（左右半球的功能差異更大）。男性在認知能力上的差異也大於女性。這些變化部分是基於「連接體」的結構，也就是腦的各部分之間的神經連接網絡（見下文）。它們也是激素作用和外界影響的結果，並貫穿人的一生。特別是社會環境和經歷不斷地塑造我們的神經通路，幫助我們完成男性或女性的典型任務。

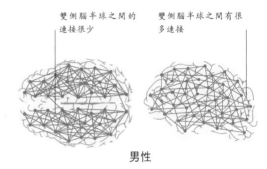

雙側腦半球之間的連接很少　　雙側腦半球之間有很多連接

男性

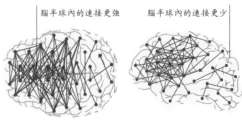

腦半球內的連接更強　　腦半球內的連接更少

女性

連接體
一項對 900 多個腦成像的研究發現，男性腦在腦半球內部連接更強，而女性腦在腦半球之間有更緊密的連接。男性在空間處理方面表現較好，而女性在文字、面孔的注意和記憶方面得分較高。

非二進制的腦

　　研究發現，同性戀者和變性人有某些獨特的腦結構。例如，在同性戀和異性戀男性中，下丘腦的某些部分（見上文）不同。而與異性戀的男性相比，在異性戀的女性中，殼核（參與學習和運動調節）中有更多的灰質。

非二進制符號

音樂腦

演奏音樂涉及腦的多個部分。一項研究比較專業音樂家和業餘音樂愛好者的腦,結果發現,專業音樂家在與運動、聽覺和視覺空間推理相關的腦區域有更大的灰質體積。這項研究的發現提示了腦是如何對環境進行適應性反應的(花幾個小時用一種樂器重複排練)。

成人腦中的**海馬體**每天大約產生 **700 個**新的神經元。

基因和環境

　　人們生來就有一個遺傳自父母的 DNA「模板」(參見第 56 ～ 57 頁):這是影響腦活動,如認知能力和行為的「自然」因素。然而,在一個人的一生中,其神經網絡(參見第 26 ～ 27 頁)能夠根據其軀體和社會經驗而發生適應和改變(「培養」)。強大和持續的環境影響會改變腦結構,也會影響基因的工作方式,這一過程被稱為表觀遺傳改變。

自然和培養

　　「自然」和「培養」作為對腦的兩種基本影響,有時被視為對立的力量。然而,它們之間存在着一種動態的相互作用,這種作用貫穿人的一生。

自然

染色體

我們從父母處遺傳他們的染色體,而染色體中包含着我們的 DNA(參見第 56 ～ 57 頁)。在受精時,染色體就已決定了胚胎的性別(其中,XX 為女性,而 XY 為男性)。染色體異常也可以導致一些疾病或發育問題。

DNA

一些精神特徵,例如抑鬱傾向,與特定的基因有關,但這通常涉及幾十個甚至上百個基因的共同作用。一個人遺傳到這樣的基因越多,他(她)出現這種精神特徵的可能性就越大。

表觀遺傳變化何時發生?

從在母親子宮中發育到老年時期,表觀遺傳變化可以在人生命中的任何時刻由環境因素導致。

培育

物理環境

對兒童的研究發現，如果孩子在困乏的家庭長大，其腦中與記憶、語言處理、決策制訂、自我控制等相關的區域可能受到損傷。而一個安全、幸福、有趣的家庭則可以減少這些傷害。

壓力程度

兒童的慢性情緒壓力會損害杏仁核、海馬體和額葉的發育，導致記憶、情緒和學習方面的問題。壓力限制了調節神經元網絡生長的基因的作用。然而，適度的「積極」壓力（樂趣）可以幫助學習。

飲食

富含奧米加 3 脂肪酸、維他命 B 和抗氧化物的健康膳食可以使血管保持健康，改善腦內的血流。同時，在老年人中，這些營養素也與記憶的改善及認知功能的維持有關。

社交圈子

有研究發現，孤獨可以改變神經遞質的產生，因此，孤獨的人從社會交往中獲得的回報較少，更容易將他人的態度誤解為威脅。而保持密切的社會關係則可以幫助人們維持記憶和認知能力。

表觀遺傳改變

在人的一生中，基因使用（或表達）方式發生的變化稱為表觀遺傳改變。這種改變會影響基因功能，而不是基因結構。表觀遺傳改變可以遺傳給一個人的孩子，儘管這種改變可能只持續幾代。在人腦中，表觀遺傳改變可以影響學習、記憶、尋求獎賞和對壓力的反應等功能。表觀遺傳改變主要有兩種形式：一種是 DNA 甲基化，即化合物與 DNA 的結合；另一種是組蛋白修飾，它改變了 DNA 纏繞的緊密程度。

甲基化合物與 DNA 鹼基結合

DNA 甲基化
在這個過程中，甲基化合物分子附着在基因 DNA 序列中的一個鹼基上。其作用是阻止或限制該基因的活動。

絕大多數序列的鹼基對未發生改變

對雙胞胎的研究

對雙胞胎的研究揭示了某個特定的特質，如智商（IQ）有多少是由遺傳引起的，又有多少是由環境導致的。大多數雙胞胎在同一個家庭長大；然而，同卵雙胞胎共享 100% 的基因，而非同卵雙胞胎只共享 50% 的基因。如果一種特徵在同卵雙胞胎中比在異卵雙胞胎中更明顯，或在出生時即分開的同卵雙胞胎中更明顯，則說明對這種特徵來說，遺傳比環境更重要。

生物學父母　　　　　養父母

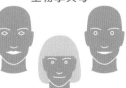

非收養雙胞胎　　　　收養雙胞胎

腦的功能
和感覺

感覺世界

為了在環境中生存，我們必須能夠對物理、化學和生物現象產生的刺激作出反應，並與之互動，這就需要用到視覺、聽覺、嗅覺、味覺和觸覺。身體中的傳感器接收這些信號，並將其發送到我們的腦中解碼。

感覺

每種感覺都有自己的探測組織。這些探測組織大多數位於身體的某個特定區域，只有觸覺會擴散到皮膚及身體內部。儘管每一種感覺的神經元和受體主要專注於該種感覺，但它們有時也可以重疊。感官信息不斷地傳輸到腦，但只有一小部分可到達意識層。即便如此，「未被注意」的信息仍然可以指導我們的行為，特別是在我們的第六感本體感覺中。本體感覺傳遞着關於身體在空間中位置的信息。

當你**飢餓**的時候，**嗅覺**會**增強**。

觸覺

觸覺神經元被認為是胚胎期在母體子宮中首先發育的感覺，對壓力、溫度、振動、疼痛和輕微的觸摸都有反應。觸覺是人類與環境和其他人進行物理接觸的方式。

聽覺

空氣中的聲波被耳朵收集並傳輸到顱骨中，隨後被耳蝸轉化為電脈衝。聽覺是人類出生時最發達的感官，但直到一歲時才完成發育。

視覺皮層

視覺

視覺涉及眼睛後部的傳感器，這些傳感器將光線轉換成電信號。電信號被傳送到腦的後部，被轉換成顏色、精細的細節和運動。我們只需半秒鐘就能看到物體。

通感（聯覺）

通感是指一種刺激，可以同時被兩個或以上的感官所解讀的情況。在通感最常見的形式中，人們把一個數字或單詞看作一種顏色。每個通感者都有自己的色彩聯想，幾乎所有的感官組合都會受到影響，但三種或三種以上感覺的組合是罕見的。

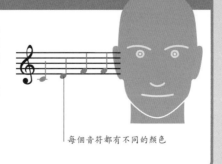

每個音符都有不同的顏色

運動皮層

體感皮質

初級味覺區

聽覺皮層

第二味覺區

嗅覺皮層

本體感覺

腦不斷地處理來自關節和肌肉的信息,這些信息告訴腦,身體在身處空間中的位置。這讓我們保持直立,讓我們不需要有意識上的努力就可以做動作,比如上樓梯。

味覺

味覺的重要性在於幫助我們確定甚麼是安全和有營養的食物。味覺感受器只接收五種基本的味覺:甜、咸、苦、酸和鮮。我們需要嗅覺來幫助辨別味道。

嗅覺

儘管人類只有 400 個嗅覺感受器,但可以聞到多達一萬億種不同的氣味。氣味對我們的生存很重要,因為一旦出現危險的物質或事件,比如一些正在燃燒的東西,味覺可以對我們發出警告。嗅覺在味覺中也起着關鍵作用。

皮層的感覺區

感覺受體的輸入信號能傳到大腦皮層的不同區域。儘管這些區域是分開的,但它們通常可以對來自另一種感覺的輸入作出反應。例如,如果伴隨有聲音,則視覺神經元在弱光環境下會有更好的反應。

人體有多少種感覺?

科學家認為,包括此處描述的六種感覺在內,根據人體內不同受體類型的數量,可能有多達 20 種感覺。

看見

眼睛可能是我們五種感官中最重要的。它可以收集物體反射的光線，並將這些信息通過視神經傳遞至腦。

眼睛的結構

眼球的直徑約為 2.5 厘米。在眼睛的後部是含有感光細胞的視網膜，這些感光細胞通過神經元與視神經相連。眼球內部充滿了膠狀物質。眼睛前面有一個孔（瞳孔），後面有一個透明的晶狀體。瞳孔周圍是一圈有色肌肉即虹膜，它控制着進入眼睛的光線。角膜是一層透明的膜，覆蓋在虹膜上，並與被稱為鞏膜的白色外膜融合。

為甚麼當我打噴嚏的時候會閉上眼睛？

當鼻腔的刺激物觸發腦幹控制中心時，會引起廣泛的肌肉收縮，這些收縮的肌肉也包括眼瞼的肌肉。這樣，當你打噴嚏時，就會出現短暫的眨眼。

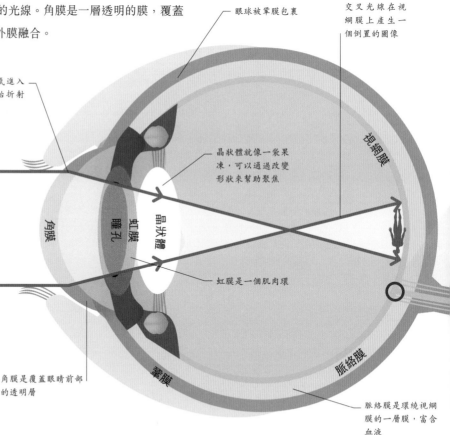

眼球被鞏膜包裹

交叉光線在視網膜上產生一個倒置的圖像

光線從空氣進入角膜時開始折射（彎曲）

晶狀體就像一袋果凍，可以通過改變形狀來幫助聚焦

光線

角膜 瞳孔 虹膜 晶狀體

視網膜

虹膜是一個肌肉環

脈絡膜

鞏膜

脈絡膜是環繞視網膜的一層膜，富含血液

看見物體
眼睛能夠為腦提供它所看到的物體的大量細節。然而，腦接收到的圖像是顛倒的，所以在能夠理解它之前，這幅圖像必須首先被翻轉過來。

角膜是覆蓋眼睛前部的透明層

1 光線進入眼睛
光線通過瞳孔穿過角膜進入眼睛。瞳孔由虹膜環繞，虹膜為一圈有色的肌肉環，可通過收縮或舒張瞳孔來調整進入眼睛的光線。

2 晶狀體和聚焦
晶狀體位於虹膜的後方，光線在此處彎曲，從而在視網膜上形成圖像。同時，晶狀體與肌肉相連，使其能夠改變形狀：視遠物時，晶狀體會變得更扁平；而視近物時，則變得更厚。

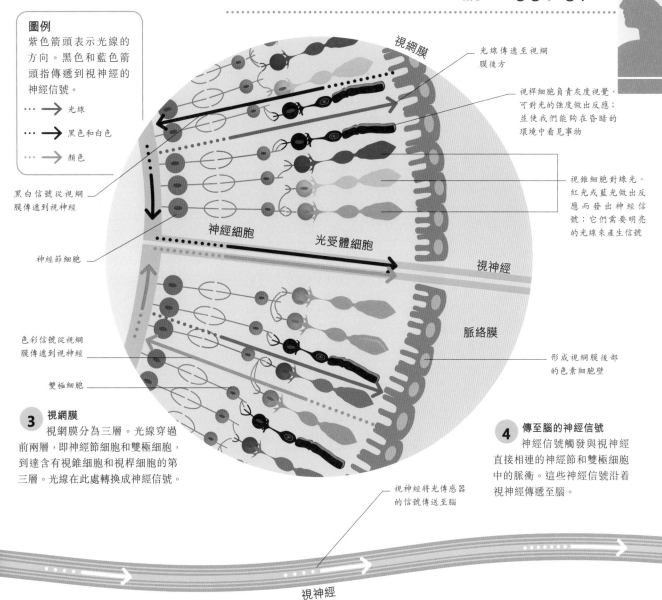

圖例
紫色箭頭表示光線的方向。黑色和藍色箭頭指傳遞到視神經的神經信號。

⋯ ➔ 光線
⋯ ➔ 黑色和白色
⋯ ➔ 顏色

黑白信號從視網膜傳遞到視神經

神經節細胞

色彩信號從視網膜傳遞到視神經

雙極細胞

視網膜

光線傳遞至視網膜後方

視桿細胞負責灰度視覺，可對光的強度做出反應；並使我們能夠在昏暗的環境中看見事物

視錐細胞對綠光、紅光或藍光做出反應而發出神經信號；它們需要明亮的光線來產生信號

神經細胞

光受體細胞

視神經

脈絡膜

形成視網膜後部的色素細胞壁

3 視網膜
視網膜分為三層。光線穿過前兩層，即神經節細胞和雙極細胞，到達含有視錐細胞和視桿細胞的第三層。光線在此處轉換成神經信號。

4 傳至腦的神經信號
神經信號觸發與視神經直接相連的神經節和雙極細胞中的脈衝。這些神經信號沿着視神經傳遞至腦。

視神經將光傳感器的信號傳送至腦

視神經

眼球的**大小**在你的一生中**保持不變**。

盲點

為了與腦相互連接，視網膜的神經纖維必須穿過眼球後部以形成視神經。這就形成了一個沒有光感受器的「盲點」。但是我們並不會注意到這一點，這是因為每隻眼睛都提供有關場景的數據，而腦則可利用來自另一隻眼睛的信息來「補全」我們所看見的畫面。

視桿細胞和視錐細胞

神經纖維離開眼睛處的盲點

人類的眼睛

視覺皮層

來自眼睛的神經信號必須經過大腦的所有通路，才能到達專門解碼信息的區域，這個區域叫作視覺皮層。

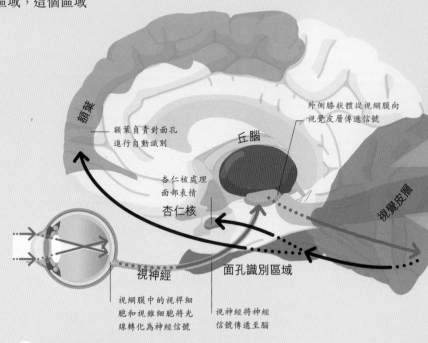

3 識別面孔
提示面孔的特徵被發送到人臉識別區域和杏仁核，並在那裏搜索能夠提示面孔識別的細節。

額葉 — 外側膝狀體從視網膜向視覺皮層傳遞信號

— 額葉負責對面孔進行自動識別

丘腦

杏仁核處理面部表情

杏仁核

視覺皮層

視神經

面孔識別區域

視網膜中的視桿細胞和視錐細胞將光線轉化為神經信號

視神經將神經信號傳遞至腦

大腦皮層的結構

視覺皮層在腦的兩個半球都存在，並進一步分為八個主要區域，每個區域都有不同的功能（參見右頁表格）。視覺信號從視網膜（參見第66～67頁）經丘腦和外側膝狀體傳遞到初級視覺皮層（V1）。然後，原始數據通過不同的視覺區域，提供關於形狀、顏色、深度和運動的不同細節，以合成圖像。一些區域提供有助於立即識別熟悉對象的信息，另一些區域則提供有助於空間定位或視覺運動技能的信息。

1 從眼球到視覺皮層
來自眼球的信號沿着視神經傳輸，到達視交叉（參見下圖），其中一些信號被發送到腦的另一側。隨後，信號傳遞到外側膝狀體，後者將信號轉發到視覺皮層進行處理。

圖例
· → 來自眼睛的信息
· → 面孔識別通路

立體視覺

3D視覺，也就是所謂的立體視覺，是由我們的雙眼直視前方並一起移動產生的。由於兩眼之間的距離稍有不同，因此從每個眼睛接收到不同的視圖，儘管它們會有很小程度上的重疊。腦通過計算每隻眼睛的空間信息來創建一個完整的圖像，並利用以前的經驗來縮短處理時間和填補空白。

交換方向

在一個稱為視交叉的交叉點，來自雙眼視網膜左側的神經軸突連接並繼續傳到左側視覺皮層。同樣地，來自雙眼視網膜右側的神經軸突，則連接並繼續傳到右側視覺皮層。

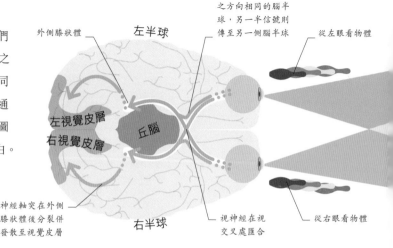

一半的信號傳至與之方向相同的腦半球，另一半信號則傳至另一側腦半球

從左眼看物體

外側膝狀體   左半球

左視覺皮層
右視覺皮層   丘腦

神經軸突在外側膝狀體後分裂併發散至視覺皮層

右半球

視神經在視交叉處匯合

從右眼看物體

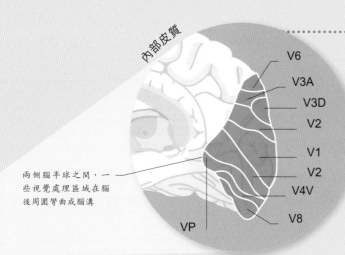

內部皮質

V6
V3A
V3D
V2
V1
V2
V4V
V8
VP

兩側腦半球之間，一些視覺處理區域在腦後周圍彎曲成腦溝

腦的後部

視覺皮層位於枕葉

V7
V3A
V3
V2
V4D
V1

視覺皮層非常薄，
僅有 **2 毫米**。

2 視覺皮層
神經信號通過大腦皮層的不同層次，每一層都為圖像增加了更多的信息。視覺皮層需要半秒鐘的時間來評估圖像，並將其變為一種有意識的感知。

視覺皮層的區域	
區域	**功能**
V1	對視覺刺激做出反應
V2	傳遞信息，並對複雜形狀做出反應
V3A, V3D, VP	記錄角度和對稱性，並將運動和方向結合起來
V4D, V4V	對顏色、方向、形狀和動作做出反應
V5	對動作做出反應
V6	檢測視野周邊的運動
V7	參與理解對稱性
V8	可能參與顏色處理

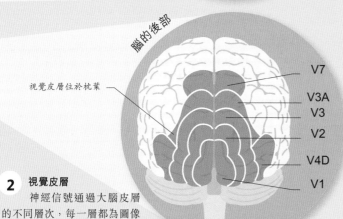

左眼視野

雙眼視野

腦把左右眼的視野結合起來形成的圖像

右眼視野

視野

靈長類動物有很大的立體視野，與食草動物或大多數鳥類相比，能更好地判斷距離。然而，它們在身後有一個盲區，只有轉頭才能看得到。兩側和頭頂有眼睛的動物有更廣闊的二維視野和對周圍更全面的感知。

兔子　　　　　　人類

● 右眼的視野　　　● 左眼的視野　　　● 雙眼的視野　　　盲區

我們如何看見

看可以是有意識的，也可以是無意識的；每種類型都有自己的路徑。有意識的看可以幫助識別物體，而無意識的看則可以幫助指引動作。

新生兒僅可以看見黑色、白色和紅色。

細胞區域 V1

從眼睛傳來的信號首先由初級視覺皮層（V1）接收。初級視覺皮層的神經元對基本的視覺信號，包括方位、物體運動的方向，以及模式識別敏感。

細胞區域 V2

在次級視覺皮層（V2），一些神經元可改善由 V1 形成的圖像，銳化線條和複雜形狀的邊緣。其他神經元則完善了對物體顏色的最初解讀。

細胞區域 V3

視覺區域 3（V3）參與角度、位置、深度和形狀的方向的分析。同時，V3 區域還參與物體方向及速度的處理。其中少量細胞對顏色也很敏感。

視覺皮層通路

跟着路徑走

當視覺信息由視覺皮層（參見第 68 ～ 69 頁）的各層處理時，它分成兩條路徑，即上部（或稱背側）路徑和下部（或稱腹側）路徑。這兩條路徑分開的地方存在一定的不確定性，但是背側路徑負責處理我們對自己在哪裏，以及我們相對周圍事物如何移動的空間意識，而腹側路徑則幫助我們發現、識別我們看到的東西並進行分類。背側路徑在評估重要情況時很重要，特別是在需要立即採取行動以規避危險的情況下，例如在遠離飛行物時。當這種情況發生時，腹側路徑被降到次要位置，因為它所攜帶的信息並不重要。

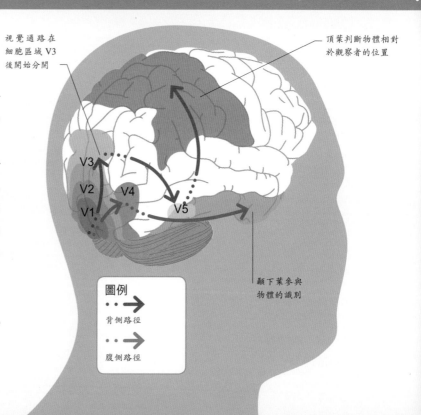

視覺通路在細胞區域 V3 後開始分開

頂葉判斷物體相對於觀察者的位置

顳下葉參與物體的識別

圖例

→ 背側路徑

→ 腹側路徑

細胞區域 V5

顳中區（V5）可判斷物體運動的總體方向，但不能判斷物體的某些組成部分的方向。例如，V5 可處理一羣鳥的總體飛行方向，而不能處理這羣鳥中單獨的某只鳥的飛行方向。V5 區同時還可分析我們自身的運動。

頂葉

頂葉可測量一個物體距離觀測者的相對深度和位置。這使得人們可以立即做出行動，例如躲開一個正快速拋向他們的物體。

「在哪裏」路徑（背側路徑）

無意識的視覺

背側路徑將視覺信息傳送到頂葉，路經負責計算物體的位置、時間和運動並制訂相應計劃的區域。所有這些都是在沒有任何意識的情況下發生的。

有意識的視覺

腹側路徑為我們所看到的物體添加了更多信息，如顏色和形狀。視覺信息進入顳葉，在該處與視覺記憶相匹配以幫助識別物體。在此處視覺刺激變成有意識的感知。

「是甚麼」路徑（腹側路徑）

細胞區域 V4

視覺區域 V4 參與顏色、質地、方向、形狀及動作的理解。該區域包含主要的顏色敏感性神經元，在理解物體間的距離方面具有重要作用。

顳下葉

信號繼續向前傳輸至顳下葉的梭狀回，後者的功能涉及對複雜形狀、物體和面孔的識別。梭狀回與海馬體相連，可幫助新記憶的形成。

甚麼是面孔失認症？

這是由顳葉下葉的損傷造成的，即使是近親的面孔也無法識別。患者必須學會用其他方式認識人。

感知

　　由於視覺處理發生在幾微秒以內，大腦有時很難理解眼睛傳回的信息，因此導致我們對自己看見的事物產生了懷疑。

處理一個場景

　　當我們看到一個場景時，並不是真的在注視畫面的全部。相反，眼睛會反覆掃描一系列指甲蓋大小的區域，而這些區域是我們的腦感興趣的點。其餘部分會變得模糊，直到注意力轉移到一個新的區域。面孔往往是場景中的主要焦點，因為我們的腦被設定來尋找面孔，因此傾向於在最不顯眼的地方看到面孔樣的圖像，比如烤麵包片上的焦痕。當仔細觀察目標物體的細節時，意識腦區會將場景的故事和每個物體的背景結合起來。

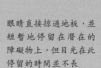

腦對面孔很感興趣，以至於研究圖片中出現的面孔

掃視對門的開口，以防可能的入侵者

指向一個物體，使人注意到它，並覺得它值得一看

眼睛直接掠過地板，並短暫地停留在潛在的障礙物上，但目光在此停留的時間並不長

掃描細節

看一張複雜的圖片，比如這張咖啡廳的場景，會激活一個過程，這個過程將目標對象（比如人）與背景區分開，然後選擇將目標的哪一部分作為焦點。

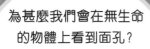

腦通過觀察每個人的臉和角色之間的相動，來尋找判斷他們之間關係的線索

為甚麼我們會在無生命的物體上看到面孔？

幻想性錯覺（看到本身並不存在的面孔）可能是一種生存本能，以確保我們對敵人或掠食者的危險特徵保持警惕。

錯覺

　　當眼睛看到的東西被腦以一種與現實不符的方式解釋時，就會產生錯覺。當多個相互競爭的信號進入腦，它傾向於尋找熟悉的模式。腦還試圖預測下一步會發生甚麼，以彌補刺激和感知之間的輕微時間延遲。這兩個事實都會導致我們的腦對視覺刺激產生誤解。錯覺主要分為三類：生理錯覺、認知錯覺和物理錯覺。

赫爾曼網格

卡尼薩三角錯覺

生理錯覺

生理錯覺被認為是由過度或相互競爭的刺激引起的，如亮度、顏色、運動和位置。在這個格子裏，當你的眼睛掠過交叉點時，灰色的斑點似乎出現在交叉點上，但當你盯着它們看時，它們就消失了。

認知錯覺

在觀察物體時當大腦對運動或視角做出假設時，就會產生認知錯覺。有時，這會導致腦在兩個不同的圖像之間切換，或者看到一個本身並不存在的形狀。

也會去跟隨別人注視的方向

大腦將眼睛引向它認為重要的部位，特別是面孔

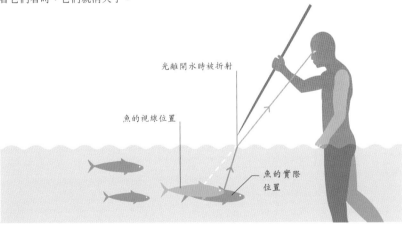

光離開水時被折射

魚的視線位置

魚的實際位置

折射

物理錯覺

物理錯覺是由物理環境，特別是水的光學性質引起的。腦不會想到光線在水和空氣之間的彎曲方式，所以認為魚的位置比魚實際所處的位置要遠。

一些**哺乳動物**和**鳥類**也被視覺錯覺所**迷惑**。

我們如何聽見

這個世界充滿了聲音。聲音以聲波的方式在空氣中傳播，直到傳達到我們的耳朵。聲波在耳朵中被轉換成電脈衝，並被發送到腦中解碼成有意義的聲音。

拾音

聽覺包括將聲波轉換成腦可以解析的電脈衝。聲波從外耳傳到中耳，引起中耳一系列骨骼和膜的振動。隨後這些振動到達耳蝸，變成電脈衝。電脈衝被傳遞到腦幹和丘腦，腦幹和丘腦感知其方向、頻率和強度。然後，這些數據被發送到聽覺皮層的左右兩側進行處理。左側聽覺皮層負責識別聲音並賦予其含義，而右側聽覺皮層則評估聲音的質量。

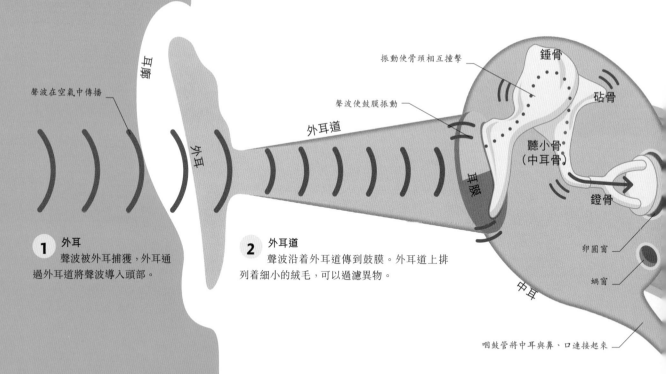

聲波在空氣中傳播

耳顱

外耳

外耳道

耳膜

振動使骨頭相互撞擊

聲波使鼓膜振動

錘骨

砧骨

聽小骨
（中耳骨）

鐙骨

卵圓窗

蝸窗

中耳

咽鼓管將中耳與鼻、口連接起來

1 外耳
聲波被外耳捕獲，外耳通過外耳道將聲波導入頭部。

2 外耳道
聲波沿着外耳道傳到鼓膜。外耳道上排列着細小的絨毛，可以過濾異物。

3 耳膜
耳膜或稱鼓膜，是在外耳和中耳之間形成屏障的一層薄薄的纖維組織。當聲波沿着外耳道向上傳播並敲擊它時，鼓膜就會振動。

4 聽小骨
振動通過鼓膜傳遞到聽骨，它是由一組彼此相連的骨頭——錘骨、砧骨和鐙骨組成的。鐙骨牽拉另一層稱為卵圓窗的膜，再將聲音傳遞至內耳。

過濾噪音

在繁華的街道上，有很多相互干擾的聲音，但你仍然可以聽到有人在你旁邊說話。這是因為初級聽覺皮層可以過濾掉不必要的聲音，並增強它想聽到的聲音信號。初級聽覺皮層通過抑制回應持續的聲音（如來往車輛），同時增強動態的聲音（如語音）並主動聆聽它們來達到這一目的。

背景噪音被過濾掉

9 初級聽覺皮層

在經過丘腦進行中間處理後，初級聽覺皮層解釋每種聲音的特徵。初級聽覺皮層還與其他的皮層區域一起協作，來識別聲音的類型。

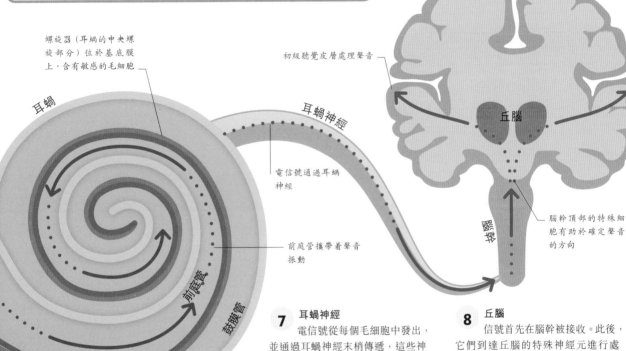

螺旋器（耳蝸的中央螺旋部分）位於基底膜上，含有敏感的毛細胞

初級聽覺皮層處理聲音

耳蝸

耳蝸神經

電信號通過耳蝸神經

丘腦

前庭管

鼓膜管

前庭管攜帶着聲音振動

腦幹

螺旋器

腦幹頂部的特殊細胞有助於確定聲音的方向

振動回到蝸窗

內耳

7 耳蝸神經

電信號從每個毛細胞中發出，並通過耳蝸神經末梢傳遞，這些神經末梢連接在一起形成耳蝸神經。耳蝸神經負責向腦幹中的特殊神經元羣傳遞信號。

8 丘腦

信號首先在腦幹被接收。此後，它們到達丘腦的特殊神經元進行處理，這些信號隨後被發送到初級聽覺皮層，而初級聽覺皮層也將信息反饋給丘腦。

5 耳蝸

耳蝸裏有三根充滿液體的管道，振動以波狀形式沿着前庭管傳到螺旋器的基底膜。殘餘振動沿鼓膜管返回蝸窗。

6 螺旋器

基底膜的運動使旋器中敏感的毛細胞彎曲。螺旋器（參見第76頁）是聽覺的主要器官，毛細胞將這種運動轉變為電信號。

鐙骨是人體內**最小**的骨頭。

感知聲音

　　每種聲音都是由許多不同的成份組成的。腦必須掌握關於其頻率、強度和節奏的所有細節來處理、識別和記憶聲音。

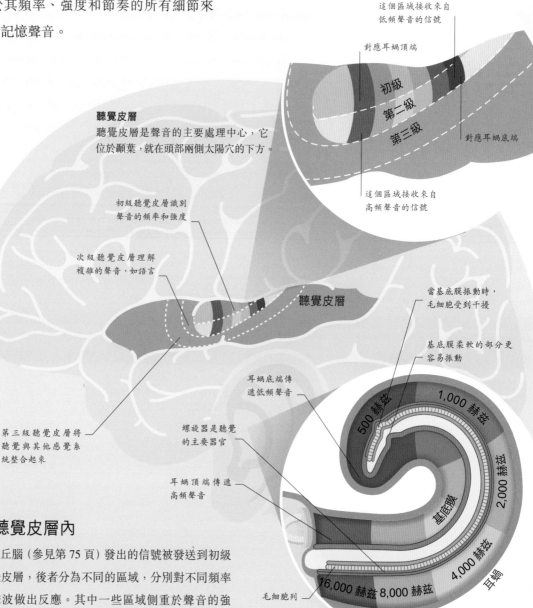

這個區域接收來自低頻聲音的信號

對應耳蝸頂端

初級

第二級

第三級

對應耳蝸底端

這個區域接收來自高頻聲音的信號

聽覺皮層

聽覺皮層是聲音的主要處理中心，它位於顳葉，就在頭部兩側太陽穴的下方。

初級聽覺皮層識別聲音的頻率和強度

次級聽覺皮層理解複雜的聲音，如語言

聽覺皮層

當基底膜振動時，毛細胞受到干擾

基底膜柔軟的部分更容易振動

第三級聽覺皮層將聽覺與其他感覺系統整合起來

耳蝸底端傳遞低頻聲音

螺旋器是聽覺的主要器官

耳蝸頂端傳遞高頻聲音

500 赫茲
1,000 赫茲
2,000 赫茲
4,000 赫茲
16,000 赫茲　8,000 赫茲

基底膜

耳蝸

毛細胞列

在聽覺皮層內

　　丘腦（參見第75頁）發出的信號被發送到初級聽覺皮層，後者分為不同的區域，分別對不同頻率的聲波做出反應。其中一些區域側重於聲音的強度而非聲音的頻率，而另一些區域則拾取更複雜和獨特的聲音，如口哨聲、敲打聲或動物的聲音。隨後聲音信號被傳遞到第二聽覺皮層，後者聚焦於和聲、節奏和旋律。第三聽覺皮層整合了所有的聲音信號，為耳朵聽到的全部聲音提供一種整體印象。

耳蝸

沿着耳蝸捲曲的區域對不同頻率的聲音做出反應，這些聲音的範圍從耳蝸頂端的高頻聲音到耳蝸底端的低頻聲音不等。聽覺皮層的不同區域則對其進行相應的反應。

音樂和腦

音樂涉及腦的許多區域。處理聲音的同時，聽音樂也會觸發腦中的記憶和情感中心，而回憶歌詞則涉及語言中心。演奏音樂的要求則更高，在這個過程中，視覺皮層受到閱讀音樂的刺激，額葉參與動作計劃，運動皮層則協調動作。眾所周知，音樂家對雙手的控制能力更強，因為音樂需要協調運動控制、體感觸覺和聽覺信息。與使用右腦半球處理音樂的聽眾不同，專業音樂家使用左腦半球處理音樂。專業音樂家的腦也有較厚的胼胝體（連接兩個腦半球的區域），並且有較大的聽覺和運動皮層。

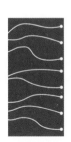

構成**聽覺神經**的**纖維數量**為 **3 萬**個。

負責音樂的腦區域

掃描顯示，聽音樂時腦的幾個區域是活躍的，而當你演奏樂器或跳舞時，活躍的區域則更多。

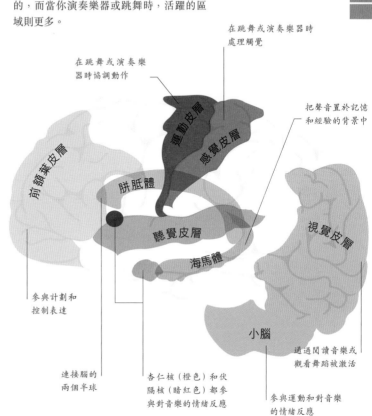

在跳舞或演奏樂器時處理觸覺

在跳舞或演奏樂器時協調動作

把聲音置於記憶和經驗的背景中

前額葉皮層

運動皮層

感覺皮層

胼胝體

聽覺皮層

海馬體

視覺皮層

小腦

參與計劃和控制表達

連接腦的兩個半球

杏仁核（橙色）和伏隔核（暗紅色）都參與對音樂的情緒反應

通過閱讀音樂或觀看舞蹈被激活

參與運動和對音樂的情緒反應

高頻和低頻

人類可以聽到的聲音頻率範圍很大，而其他動物的聽覺範圍遠超出人類的極限。蝙蝠和海豚等動物在回聲定位中使用高頻率，而大象和鯨魚則產生低頻率的隆隆聲，以達至遠距離傳播。人類對 2000 ～ 5000 赫茲的頻率最敏感，這個頻率範圍的聲音並不需要很大的強度就能被聽到。年輕人的聽力範圍最大，為 20 赫茲～ 20 千赫，但隨着年齡的增長，其高頻聽力極限會逐漸下降，老年人的高頻聽力極限為 15 千赫左右。

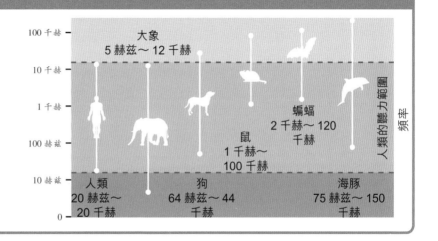

100 千赫
10 千赫
1 千赫
100 赫茲
10 赫茲
0

大象
5 赫茲～ 12 千赫

蝙蝠
2 千赫～ 120 千赫

鼠
1 千赫～ 100 千赫

人類
20 赫茲～ 20 千赫

狗
64 赫茲～ 44 千赫

海豚
75 赫茲～ 150 千赫

人類的聽力範圍

頻率

3 在腦中

信號隨後沿着嗅束傳遞到嗅覺皮層。皮層位於邊緣系統，負責情緒和記憶。同時，信號也被傳送到杏仁核和眶額葉皮層。

嗅覺皮層進一步處理嗅球發出的信號

如果氣味與危險有關，杏仁核就會發出警告

嗅覺皮層

嗅束是在嗅覺閃神經束
嗅覺皮層閃傳遞的神經束

杏仁核

眶額皮層

眶額皮層參與決策和情緒，以及處理氣味

在氣味信號被傳遞至嗅覺皮層之前，先由嗅球處理。

嗅球

受體細胞的神經軸突感應到氣味，並將信息傳遞至嗅球

捕捉一種氣味

當我們吸氣時，氣味分子會飄進鼻子，激活鼻腔中的受體細胞，觸發一種使氣味的反射。在鼻腔中，氣味分子溶解在黏液中，而黏液覆蓋着一層被稱為嗅上皮的神經元和支持細胞。這些氣味分子通過黏液擴散到附着在受體細胞上被稱為纖毛的毛狀結構。這些受體細胞向嗅球發出信號。嗅球位於前腦，構成腦邊緣系統的各個部分。隨後，嗅覺數據被放發送至大腦的各個部位，尤其是嗅覺皮層。

嗅上皮

嗅球

硬腦膜

骨

黏液膜

受體細胞

纖毛

神經軸突

支持細胞

黏液

氣味分子溶於黏液

2 氣味受體

每一個氣味分子都會激活一個特定的嗅覺受體組合。激活的受體細胞會在底部的嗅覺細胞。激活的受體細胞通過神經軸突將衝動向上發送到嗅球進行處理。

1 氣味進入鼻腔

鼻孔吸入氣味分子，後者通過鼻腔並被加熱，氣味增強。這些分子溶解在嗅上皮產生的黏液中，刺激與受體細胞相連的纖毛。

空氣中的氣味分子進入鼻孔

人體內嗅覺細胞的數量為 1200 萬。

氣味

嗅覺系統負責從周圍世界許多種氣味中辨別出一種氣味。它可以分離出不同的化學物質，然後將信號傳遞給腦，以確定這些氣味是「好的」還是「壞的」。

氣味是怎麼形成的？

人類如何辨別氣味仍然是一個具有爭議的問題。研究表明，大多數氣味可分為十類，或稱原始氣味，且每一類都會提醒我們注意環境中的某些東西。多數氣味都是由這些氣味組合而成的。嗅覺對於生存十分重要，它可以告訴我們某個東西是安全的還是危險的。

為甚麼氣味會觸發記憶？

與其他感覺不同，氣味繞過丘腦直接進入邊緣系統。情緒和記憶在這裏（特別是杏仁核）被處理和諸存。

臭的還是甜的？

二甲基硫化物 (DMS) 是一種很臭的化學物，有一股未加工的化合物的味道，令你懷疑是甚麼東西在腐爛，或是房間中有刺鼻的奶芝士。然而，香料化學家發現，二甲基硫化物被用於肉、海鮮、牛奶、蔬菜和水果的調味品中，但通常濃度很低。它有助於創造各種口味。它被用於啤酒、雞蛋、葡萄酒、

甜味
溫暖、豐富、含糖的氣味，帶有一絲奶油味，包括朱古力、麥芽和香草。

薄荷味
涼爽、新鮮、提神的，其典型代表為薄荷、桉樹和樟腦。

烤堅果
輕微燃燒、焦糖化、帶有溫暖和脂肪的味道，如爆米花和花生醬。

辛辣味（刺鼻味）
通常有難聞的氣味，如肥料或酸牛奶，以及洋蔥、大蒜和泡菜。

腐爛的
除刺鼻的氣味外，還有腐爛的食物、污水、家用煤氣和其他「令人作嘔」的物質的氣味。

芳香
淡淡的自然香味，如花、草和草本植物，通常用於香水中。

果味
通常包括溫性、成熟的水果和其他新鮮的氣味，使鼻子充滿柔清感。

柑橘
與其他水果不同的是，柑橘具有清新、乾淨、酸性的芳香，並帶有一絲甜味。

木質和樹脂
泥土味、自然氣味，如堆肥、黃菌、香料、雪松、松樹和霉菌。

化學品
包括合成的、藥用的、溶劑的和汽油的氣味，很容易識別。

味覺

人體需要攝入有營養的食物和液體來補充能量，而選擇安全食物則在很大程度上取決於我們的味覺和嗅覺。

品味

味覺實際上是一種有限的感覺，只有五種基本的味覺（見右圖）可以被檢測出來。就像嗅覺一樣，味覺也是一種化學感覺。食物中的化學物質被味蕾捕獲，而味蕾主要存在於舌頭上。味蕾中的微絨毛結構中的受體細胞，檢測這些化學物質並將信號發送給大腦處理。

五種基本的味覺

味覺是一種為了生存而進化出的適應能力。在攝入食物之前，味覺可先確定該食物是具有營養的還是可能有毒的，這一點非常重要。到目前為止，只發現了五種基本的味覺，儘管可能還有其他的味覺。

甜味
表明存在碳水化合物，而碳水化合物是糖的重要來源。

咸味
人體所需的化學鹽和礦物質。

酸味
發出警告，不要食用未熟或變質的食物。

苦味
毒藥和其他毒素通常是苦的或難吃的。

鮮味
檢測出谷氨酸鹽和氨基酸，多見於肉類、芝士，以及其他陳年或發酵食品。

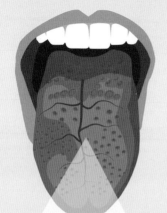

1 舌頭

舌頭是一種強壯且靈活的肌肉，可用來推送食物和説話。舌頭的上表面覆蓋着叫作乳突的微小凸起。大多數乳突呈絲狀或線狀結構，不含味蕾。當食物被咀嚼時，它們有助於抓握和研磨食物。

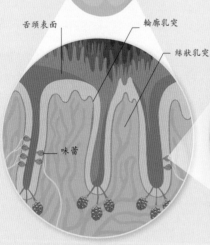

舌頭表面　　輪廓乳突　　味孔　　神經纖維
絲狀乳突
味蕾
食物分子
微絨毛含有受體蛋白，可與食物中的化學物質結合

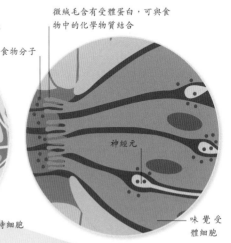

神經元
支持細胞
味覺受體細胞

2 乳突

除了絲狀乳突，舌頭還有菌狀（蘑菇狀）、葉狀和輪廓（壁狀）乳突，它們都含有味蕾。大多數味蕾位於舌頭背面和兩側的葉狀乳突中。

3 味蕾

每個味蕾含有 50～100 個細胞，這些細胞位於乳突壁上，並像橘瓣一樣集合在一起。每個細胞的一端都從味蕾中伸出，在該處被含有食物分子的唾液沖洗。

4 味蕾細胞

當食物分子撞擊細胞時，它們與受體蛋白或被稱為離子通道的孔樣蛋白質相互作用。這會引起細胞的電極變化，促使細胞底部的神經元向大腦發送信號。

味道和氣味

　　對於氣味檢測來說，味蕾和鼻子同樣重要。鼻子拾取食物的外部氣味（參見第 78 ～ 79 頁），但由於食物的氣味被肺部呼出的空氣帶入鼻腔（後鼻腔嗅覺），這種氣味會顯著增加。在味蕾中也發現了一些嗅覺感受器，大腦將來自鼻子和味蕾的信息整合，以感知食物中所有不同的味道。但這些並不是唯一有助於味覺體驗的感覺，例如，體感皮層還可檢測食物的質地和溫度，為味道添加更多的信息。

信號傳遞到位於島葉的次級味覺區

信號發送到位於腦島的初級味覺區

信號傳到體感皮層的舌區

眶額皮層

體感皮層

從嗅覺皮層發出的信號傳到眶額皮層

嗅球

鼻腔

嗅覺皮層

丘腦

杏仁核

杏仁核判斷味覺和嗅覺是「好的」還是「壞的」

被吞咽的食物顆粒發出的氣味被送到嗅球處理

延腦

味覺通路
來自味蕾的信息通過下巴和喉嚨的顱神經傳至腦內。神經衝動沿着腦幹傳到丘腦，然後再傳送到額葉皮層和腦島的味覺區。腦島是大腦深處的一個皮層褶皺。

食物顆粒

三叉神經和舌咽神經向腦幹中的髓質傳遞信號

肺部呼出的空氣將食物顆粒從口腔推進鼻腔

為甚麼嬰兒不喜歡苦的食物？

嬰兒比成人有更多的味蕾，所以對苦味的感覺更強烈。他們本能地拒絕不如母乳那麼甜且富含脂肪的食物。

圖例
···→ 味覺信號
···→ 鼻後氣味
···→ 呼出的氣體

一般來說，成年人有 **2000 ～ 8000 個味蕾。**

微風

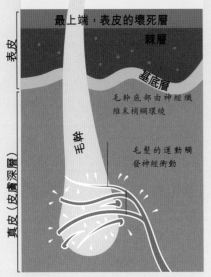

表皮

最上端，表皮的壞死層

棘層

鍵底層

毛幹底部由神經纖維末梢網環繞

毛幹

毛髮的運動觸發神經衝動

真皮（皮膚深層）

根毛叢

纏繞在毛幹底部的神經是由未觸及皮膚的東西觸發的，如氣流或摩擦毛髮的物體。

溫度改變

自由神經末梢延伸至皮膚的表層

自由神經末梢

這些裸露的根狀神經末梢向上延伸到表皮的棘層，對冷、熱、輕觸和疼痛十分敏感。

羽毛輕掃

清晰的邊界使麥克氏盤對形狀和邊緣十分敏感

麥克氏盤

麥克氏盤的位置比自由神經末梢稍低，其在嘴唇和指尖的分佈特別密集。麥克氏盤可對輕觸起反應。

觸覺

　　皮膚是人體最大的器官，也是最大的感覺器官。它含有傳感器，使我們能夠體驗各種各樣的感覺，包括對所處位置的感知。

皮膚上的感受器

　　皮膚傳感器由軸突連接的感受器組成。這些感受器在不同的皮層均存在，可對不同類型的刺激產生反應。此外，這些感受器記錄機械刺激、熱刺激，以及在某些情況下的化學刺激，並將它們轉換成電信號。這些信號沿着周圍神經上行至脊髓，然後到達腦幹，最後到達體感皮層，在該處被轉化為觸覺。

受體的類型	功能
機械刺激感受器	對機械壓力或變形做出反應的感覺受體，其範圍從輕觸到深壓不等。
本體感受器	接受來自身體內部刺激，特別是與位置和運動有關的受體。
傷害感受器	通過向脊髓和腦發送「可能的威脅」信號，以對破壞性刺激做出反應的感覺神經元。
溫度感受器	能夠探測溫度差異的特殊神經細胞，這些神經細胞遍佈皮膚和體內一些區域。
化學感受器	周圍神經系統的延伸，可對血液濃度的變化做出反應以維持體內平衡（參見第 90～91 頁）。

麥斯納氏小體（觸覺小體）
這些感受器的適應速度很快，這意味着它們可對刺激迅速反應，但如果刺激持續，它們就會停止放電。這樣可提供準確的信息。

魯菲尼氏小體
也被稱為球狀小體，這些柔軟的囊狀細胞位於真皮深處，當皮膚或關節被壓力拉伸或扭曲時會產生反應。

潘申尼小體
人體最深和最大的觸覺感受器，這些快速作用的機械感受器可以對持續的壓力和振動做出反應。

體感皮層

　　所有來自觸覺感受器的信息都在體感皮層處理。這個區域位於腦的頂部，其外觀就像一個髮帶。來自身體右側的數據傳輸到腦的左側，而來自身體左側的數據則傳輸到腦的右側。身體的每一部分在皮層均有與之對應的區域。

觸覺地圖
身體中富含觸覺感受器的區域，如手，比其他部分需要更多的信息處理，因此佔據了軀體感覺皮層的更大比例。

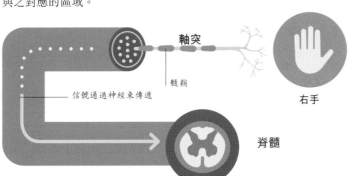

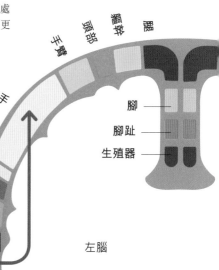

本體感覺

我們的身體對自身的位置及在空間中的運動狀態有自己的感覺。這一過程幾乎是無意識發生的，本質上講就是身體的第六感。

周邊神經

來自本體感受器的神經信號

皮膚、肌肉和關節中的牽張感受器發送有關身體部位所在位置的信息

體位感

肌肉、肌腱和關節內部是被稱為本體感受器的運動感受器。每當我們移動時，這些感受器就會測量與此次移動相關的長度、張力和壓力的變化，並向大腦發送脈衝。大腦處理這些信息並決定停止移動或改變位置，然後信息被傳回肌肉，以使其執行命令。無須我們思考，這些就已經發生。

本體感覺的類型

大腦接收到的大部分關於身體位置的信息都是在無意識的狀態下處理的，比如我們不斷地調整身體的位置以保持平衡。然而，如果本體感覺信息需要我們做出決定，例如，改進肌肉運動使之成為一種自主的、熟練的運動，那麼本體感覺信息就會在有意識的狀態下被處理。

知道你的位置
身體的自我意識來自本體感覺和以下感覺的結合：力量感、力氣或重量感、視覺和來自耳朵平衡器官的信息。

信號沿着脊柱傳遞至腦

脊柱

頂葉

內耳將旋轉、加速和重力的信息發送出去

眼睛將有關位置的視覺信息發送出去

頂葉

丘腦

小腦

來自手臂的壓力和張力感受器的信息輸入

無意識的本體感覺路徑　　有意識的本體感覺路徑

本體感覺的路徑
有意識的本體感覺信號沿着腦幹傳到丘腦，最後到達頂葉，頂葉是大腦皮層的一部分。而無意識的本體感覺路徑則循環到控制運動的小腦。

本體感受器的類型

　　身體包含多種本體感受器，來自這些感受器的綜合信息有助於腦構建身體位置的整體圖像。本體感受器主要有三種類型：嵌入肌肉中的肌梭纖維；位於肌腱和肌肉交界處的高爾肌腱器；以及附着在關節上的關節感受器。皮膚上的特殊感受器也能檢測到拉伸（參見第 83 頁）。

由於腦**無法跟上肢體尺寸的變化**，因此在**快速生長期**會**使腦困惑**。

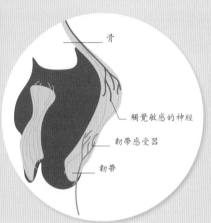

骨
觸覺敏感的神經
韌帶感受器
韌帶

關節感受器
關節內的神經末梢可探測關節的位置。關節感受器通過防止過度伸展和監測正常運動中的位置來防止運動損傷。

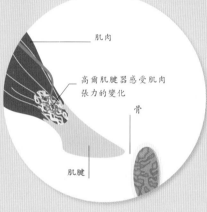

肌肉
高爾肌腱感受肌肉張力的變化
骨
肌腱

肌腱感受器
高爾肌腱器位於肌肉末端的腱內。它們對肌肉張力進行監測，以確保我們不會過度拉伸肌肉。

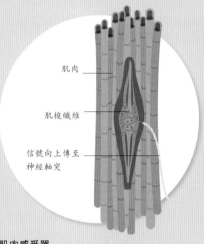

肌肉
肌梭纖維
信號向上傳至神經軸突

肌肉感受器
肌肉內部有稱為梭形纖維的位置感受器。當肌肉伸展時，梭形纖維向腦發送有關肌肉位置的信息。

匹諾曹幻覺

有時本體感覺可能被混淆，使身體感覺到一些並未發生的事情正在發生。其中一種效應稱為匹諾曹幻覺。在這種情況下，將一種振動器固定在人的肱二頭肌上。如果這個人在振動器打開的時候捏住她的鼻子，她會感覺手臂好像從鼻子移開了。這是因為振動器刺激肱二頭肌中肌梭纖維的方式就像肌肉正在伸展一樣。由於手指還在摸鼻子，就會感覺鼻子彷彿長出到臉的外面。

手指觸摸鼻子
振動器

刺激前
靜息時，腦意識到手指正在觸摸鼻子，而手臂沒有運動。

腦認為手正從臉部移開
振動器被打開

在受到刺激時
振動告訴腦，手正在移動，使腦產生一種鼻子正在從臉部往外生長的感覺。

感受疼痛

　　雖然疼痛令人不愉快，但它卻是一個有用的警告信號，告訴我們身體正處於不適狀態，需要迅速採取行動以避免進一步受到傷害。

疼痛的信號

　　疼痛感受器遍佈全身，可對熱、冷、過度拉伸、振動和傷口釋放的化學物質作出反應。疼痛的電信號由受傷的部位發送至脊髓，隨後發生交叉，並繼續傳至受傷部位對側的腦半球中。如果我們感受到的疼痛是突然且劇烈的，那麼在我們意識到它之前，脊髓中就會產生反射反應（參見第 101 頁），使肢體遠離讓其受傷的東西。

（參見第 101 頁）

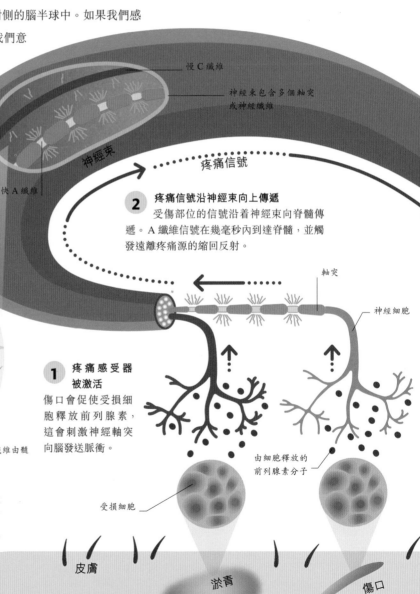

誰的痛感最強？

女性比男性更能感到疼痛，因為她們體內有更多的神經感受器。

慢 C 纖維

神經束包含多個軸突或神經纖維

疼痛信號

神經束

快 A 纖維

2 疼痛信號沿神經束向上傳遞
受傷部位的信號沿着神經束向脊髓傳遞。A 纖維信號在幾毫秒內到達脊髓，並觸發遠離疼痛源的縮回反射。

軸突

神經細胞

1 疼痛感受器被激活
傷口會促使受損細胞釋放前列腺素，這會刺激神經軸突向腦發送脈衝。

由細胞釋放的前列腺素分子

受損細胞

慢 C 纖維廣泛分佈於皮膚中

快 A 纖維由髓鞘包裹

傳遞疼痛的纖維
傳遞疼痛的神經纖維或軸突共有兩種。其中，快 A 纖維傳遞尖銳的局部疼痛，例如刀割傷；而慢 C 纖維則傳遞位於傷口周圍區域更為持久的鈍性痛感。

皮膚

淤青

傷口

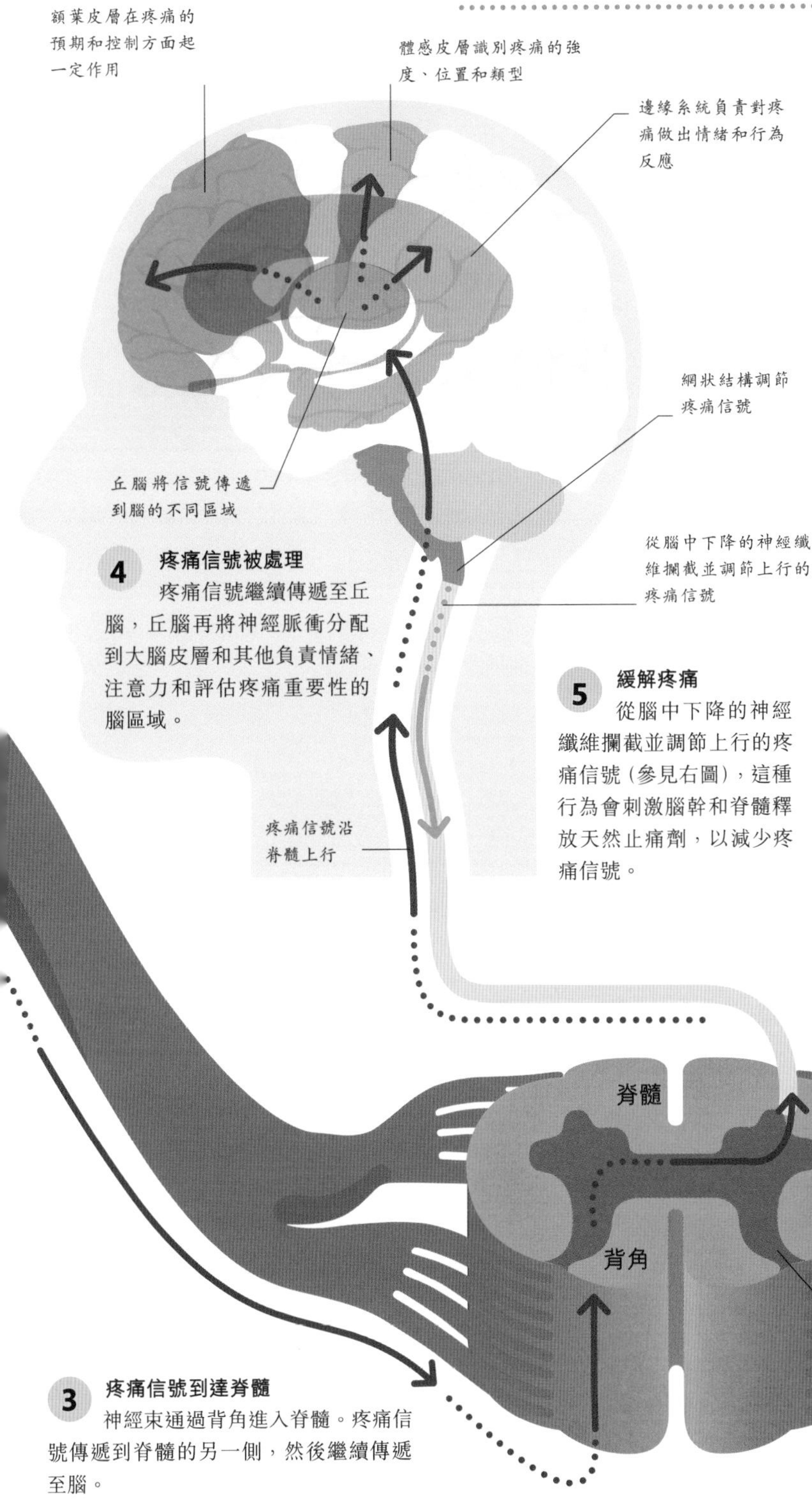

額葉皮層在疼痛的
預期和控制方面起
一定作用

體感皮層識別疼痛的強
度、位置和類型

邊緣系統負責對疼
痛做出情緒和行為
反應

網狀結構調節
疼痛信號

丘腦將信號傳遞
到腦的不同區域

從腦中下降的神經纖
維攔截並調節上行的
疼痛信號

4 疼痛信號被處理
疼痛信號繼續傳遞至丘
腦，丘腦再將神經脈衝分配
到大腦皮層和其他負責情緒、
注意力和評估疼痛重要性的
腦區域。

5 緩解疼痛
從腦中下降的神經
纖維攔截並調節上行的疼
痛信號（參見右圖），這種
行為會刺激腦幹和脊髓釋
放天然止痛劑，以減少疼
痛信號。

疼痛信號沿
脊髓上行

自然止痛

我們的身體會釋放稱為內啡肽和腦啡肽
的化學物質，以抑制疼痛。這些化學物
質與神經末梢上的感受器結合，以阻止
疼痛信號的進一步傳遞。

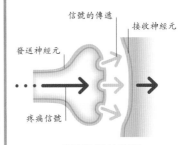

信號的傳遞　　接收神經元

發送神經元

疼痛信號

疼痛信號被傳遞

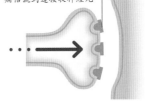

內啡肽（安多酚）阻止疼
痛信號到連接收神經元

疼痛信號被阻斷

脊髓

背角

3 疼痛信號到達脊髓
神經束通過背角進入脊髓。疼痛信
號傳遞到脊髓的另一側，然後繼續傳遞
至腦。

多數神經束進入脊柱後的背角

如何利用腦來管理疼痛

當我們感受到疼痛，最常見的做法就是就醫或服用止痛藥。然而，我們也可以通過調節我們對疼痛及疼痛所產生的壓力的心理反應，來控制疼痛。

疼痛是對受傷或生病的一種情緒及生理的反應。強烈的恐懼或焦慮是很重要的即時反應，使你盡可能避開傷害。然而有時候，即便傷害或疾病不復存在，疼痛也可能持續。疼痛的感覺可能與持續的壓力、反覆出現的導致疼痛的不愉快記憶或擔心疼痛持續存在或復發的恐懼聯繫在一起。

這些感覺可能會很強烈，並使人感到不安。如果疼痛很嚴重或是持續很長時間，那麼你需要就醫。但同時，你也可以通過訓練大腦，利用一些技巧來調控這種痛感。

止痛劑的問題

短期內，藥物治療常常是控制疼痛所必需的，但是如果長時間服用止痛藥則可能導致一些問題，例如成癮或出現嚴重的副作用，包括胃潰瘍和肝臟疾病。同時，你的身體也會慢慢地對藥物產生耐受性，因此，服用這種止痛藥的時間越長，你從中獲得的好處就越少。

心身療法

除藥物外，還可以採用心身療法，例如通過放鬆和冥想來減輕或幫助控制疼痛，而這種做法沒有副作用。很多人採用放鬆及調整呼吸來減輕疼痛導致的緊張感，這種緊張感會加重疼痛。這時，可以嘗試靜靜地躺在一個黑暗的房間裏；從 1 數到 10 並深吸氣，屏住呼吸片刻，再從 1 數到 10，慢慢呼氣。將這個動作做 10～20 分鐘。

轉移注意力常常可以減輕疼痛。嘗試將注意力移開疼痛的部位，而關注不疼的部位。同時，想像疼痛是身體外一個大的能量球，並在意識中將其「縮小」。認知行為療法（CBT）採用的是與上述技巧相似的手段，這種療法通過訓練用更積極的想法，諸如「這種疼痛只是暫時的」來替代一些消極的想法，諸如「這種疼痛實在無法忍受」或是「我沒辦法讓這種疼痛停止」。

正念訓練可以減輕壓力，讓你更好地應對疼痛。在這種類似佛教修行的訓練中，接納疼痛的存在，而不是讓它主宰你的思想，或者與它對抗使得自己精疲力竭。

總結來說，如果做到以下幾點的話，腦可以成為控制疼痛的有力工具：

- **透過訓練放鬆和深呼吸的技巧來減少壓力。**
- **進行心理練習，將注意力從疼痛轉移開。**
- **採用認知行為療法，關注積極的想法。**
- **正念訓練。**

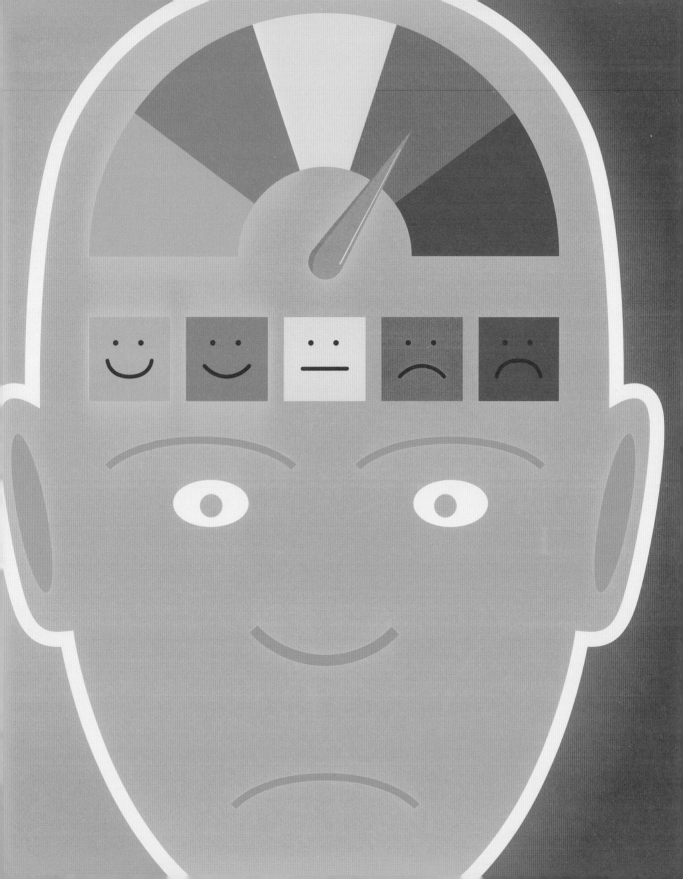

調控系統

　　人體是由 38 萬億個細胞組成的，藉着一個由腦控制、具有反饋機制的系統，讓它們保持最佳狀態。

保持穩態

　　維持穩定的內部環境的過程叫作體內穩態。我們身體的一些關鍵功能，如呼吸、心率、pH 值、溫度和離子平衡必須嚴格控制在工作範圍內，以防止生病。當身體工作時，其系統不斷地偏離平衡點或設定點（系統工作最佳時的數值）。當這種變化太大時，身體會啟動一個反饋迴路，將系統調整到理想水平。這些功能大多數是由腦幹的網狀結構控制的。

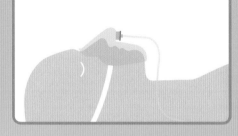

全麻

作為現代外科手術的重要組成部分，目前尚不完全清楚全身麻醉是如何完成的。已知的是，麻醉劑作用於網狀激活系統（包括網狀結構及其連接）來抑制意識，同時作用於海馬體來暫時中止記憶的形成。麻醉劑也會影響丘腦的神經核團，以阻止感覺信息從身體流向腦部。

3 信號向前傳遞
　　信號被直接發送到丘腦和下丘腦，以及大腦皮層的適當區域，以使其對刺激做出決定和反應。

信號傳至大腦皮層的不同區域

網狀結構的興奮區放大重要信號

下丘腦調節睡眠、飢餓感及體溫

丘腦

丘腦向大腦皮層傳遞感覺信號

髓質（延腦）

2 信號被處理
　　在網狀結構中，不需要的信號在抑制區被抑制，而其他信號則在興奮區被放大。

網狀結構的抑制區弱化不需要的信號

甚麼是網狀結構？

網狀結構由 100 多個投射到前腦、小腦和腦幹的神經核組成，控制着身體的許多重要功能。

脊髓

1 神經信號沿脊柱上行
　　來自全身各處的感覺信號被傳遞至網狀結構。

神經脈衝沿脊髓上行

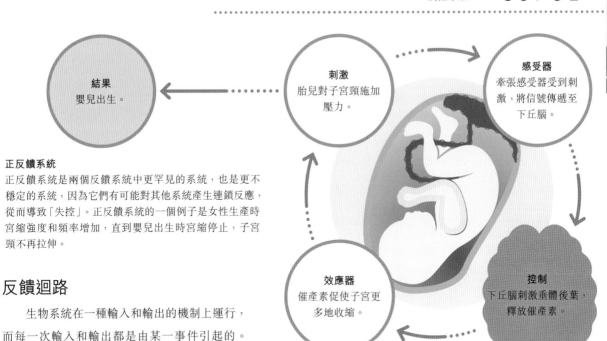

結果
嬰兒出生。

刺激
胎兒對子宮頸施加壓力。

感受器
牽張感受器受到刺激,將信號傳遞至下丘腦。

效應器
催產素促使子宮更多地收縮。

控制
下丘腦刺激垂體後葉,釋放催產素。

正反饋系統

正反饋系統是兩個反饋系統中更罕見的系統,也是更不穩定的系統,因為它們有可能對其他系統產生連鎖反應,從而導致「失控」。正反饋系統的一個例子是女性生產時宮縮強度和頻率增加,直到嬰兒出生時宮縮停止,子宮頸不再拉伸。

反饋迴路

　　生物系統在一種輸入和輸出的機制上運行,而每一次輸入和輸出都是由某一事件引起的。反饋迴路要麼放大系統的輸出(正反饋),要麼抑制系統的輸出(負反饋)。反饋迴路很重要,因為它們能讓生物體維持內環境的平衡。

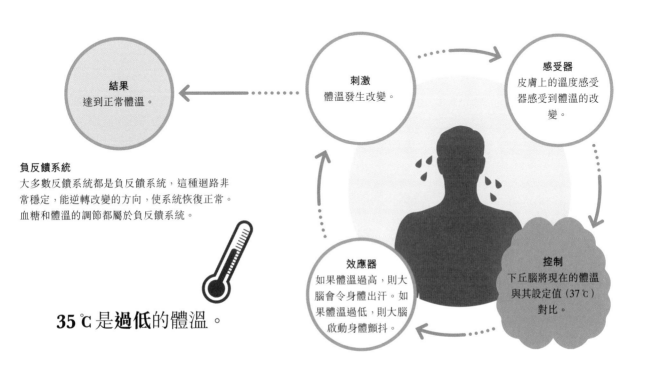

結果
達到正常體溫。

刺激
體溫發生改變。

感受器
皮膚上的溫度感受器感受到體溫的改變。

效應器
如果體溫過高,則大腦會令身體出汗。如果體溫過低,則大腦啟動身體顫抖。

控制
下丘腦將現在的體溫與其設定值(37℃)對比。

負反饋系統

大多數反饋系統都是負反饋系統,這種迴路非常穩定,能逆轉改變的方向,使系統恢復正常。血糖和體溫的調節都屬於負反饋系統。

35℃是過低的體溫。

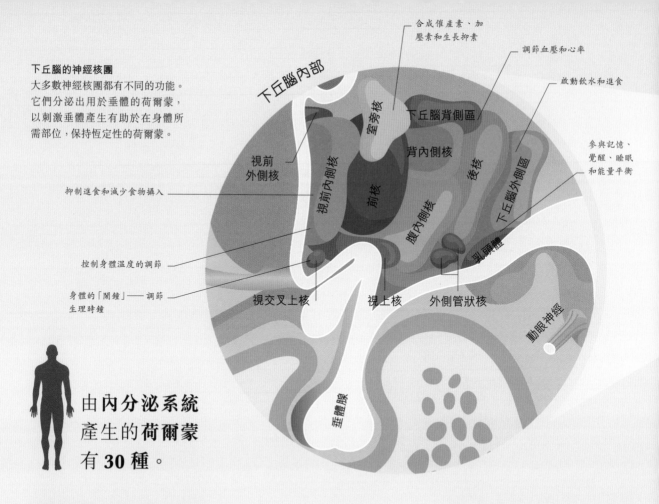

下丘腦的神經核團
大多數神經核團都有不同的功能。它們分泌出用於垂體的荷爾蒙，以刺激垂體產生有助於在身體所需部位，保持恆定性的荷爾蒙。

下丘腦內部

合成催產素、加壓素和生長抑素

調節血壓和心率

啟動飲水和進食

室旁核

下丘腦背側區

背內側核

後核

參與記憶、覺醒、睡眠和能量平衡

視前外側核

視前內側核

前核

下丘腦外側區

抑制進食和減少食物攝入

視前內側核

腹內側核

乳頭體

控制身體溫度的調節

身體的「鬧鐘」—— 調節生理時鐘

視交叉上核

視上核

外側管狀核

動眼神經

垂體腺

由內分泌系統
產生的荷爾蒙
有 **30** 種。

神經內分泌系統

　　維持身體的恆定性（參見第 90 頁）需要腦和身體相互溝通，需要依靠一種名為荷爾蒙的化學傳遞者。

下丘腦

　　在腦的內穩態系統中心的是下丘腦（參見第 43 頁）。下丘腦包含一組稱為神經核的神經元，可執行特定的功能，並與自主神經系統（參見第 13 頁）相連。這些神經核可通過自主神經系統來發送控制心率、消化和呼吸的信息。當下丘腦收到來自神經系統的信號時，會分泌神經激素，這些激素又可刺激垂體分泌荷爾蒙。這些反應會影響全身的器官並促進它們增加或減少分泌荷爾蒙。

失衡

當身體的恆定性被破壞時，會導致疾病，同時也會引起細胞功能紊亂。我們的身體會試圖糾正這個問題，但也可能會使情況變得更糟，這取決於影響失衡的因素。基因、生活方式和毒素都會影響身體的恆定性。

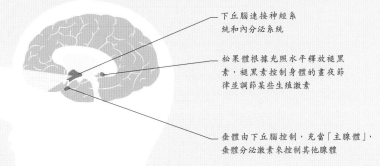

荷爾蒙的生產者

荷爾蒙主要有兩種傳遞方式。第一種方式介於兩個內分泌腺之間，由一個內分泌腺釋放一種荷爾蒙刺激其靶內分泌腺分泌另一種荷爾蒙。第二種方式介於一個內分泌腺和其靶器官之間，如胰腺分泌並釋放胰島素，以促進肌肉細胞對葡萄糖的攝取。

下丘腦連接神經系統和內分泌系統

松果體根據光照水平釋放褪黑素，褪黑素控制身體的畫夜節律並調節某些生殖激素

垂體由下丘腦控制，充當「主腺體」，垂體分泌激素來控制其他腺體

甲狀腺和甲狀旁腺調節新陳代謝、血鈣水平和心率

甲狀旁腺

甲狀腺

產生能抵抗病毒和感染的白細胞

胸腺

產生皮質醇（調節新陳代謝、免疫反應和能量轉換）、醛固酮（控制血壓和鹽平衡）和腎上腺素（「戰鬥或逃跑」荷爾蒙）

釋放引起飢餓的生長激素釋放肽和胃泌素，以刺激胃酸的分泌

胃

腎上腺

分泌控制血壓的腎素和血管緊張素，以及刺激紅細胞生成的促紅細胞生成素

腎臟

腎臟

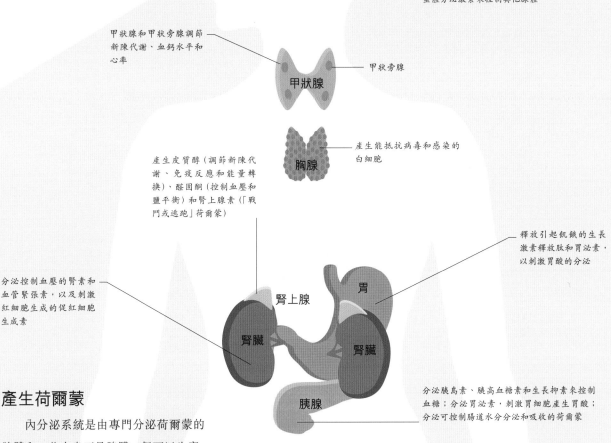

胰腺

分泌胰島素、胰高血糖素和生長抑素來控制血糖；分泌胃泌素，刺激胃細胞產生胃酸；分泌可控制腸道水分分泌和吸收的荷爾蒙

產生荷爾蒙

　　內分泌系統是由專門分泌荷爾蒙的腺體和一些本身不是腺體，但可以生產、儲存及釋放荷爾蒙的器官組成的，比如胃。這兩種類型的內分泌器官通過增加或減少荷爾蒙的分泌對來自腦的信號作出反應，然後激素通過血流傳遞到目標器官，並在該處鎖定細胞表面的特殊受體。這個過程會觸發一種生理變化，從而維持身體的恆定性。

生產女性生殖激素雌激素和黃體酮，使子宮維持月經週期或為懷孕做準備

卵巢

睪丸產生睪丸激素，後者對精子的產生、維持肌肉質量和力量、維持性慾和骨密度至關重要

睪丸

飢餓和口渴

　　食物和飲料對人類的生存至關重要。人體在激素的刺激下，因感到飢餓和口渴而攝入營養物質和水。

飢餓

　　飢餓分為兩種：一種是享樂性飢餓，是指當我們已經飽了的時候繼續進食，尤其是高脂、高糖和高鹽的食物；而穩態性飢餓（參見右圖）是指當我們的能量儲備被耗盡時的一種身體反應。當食物經過胃和小腸，胃再次排空後，會釋放一種叫作飢餓素的荷爾蒙。在該荷爾蒙的作用下，下丘腦的神經元告訴我們餓了，促使我們進食。進食後，脂肪組織釋放出一種可抑制飢餓的荷爾蒙（瘦素），防止我們進食過多。

感受飢餓

腦、消化系統和脂肪儲存形成一個相互關聯的系統，調節我們的飢餓感。飢餓感可能由內部因素引起，比如胃已排空食物或者血糖水平下降，也可能由外部因素引起，比如看到或聞到食物的味道。

脫水會影響人的**短期記憶**、**注意力**和**焦慮水平**。

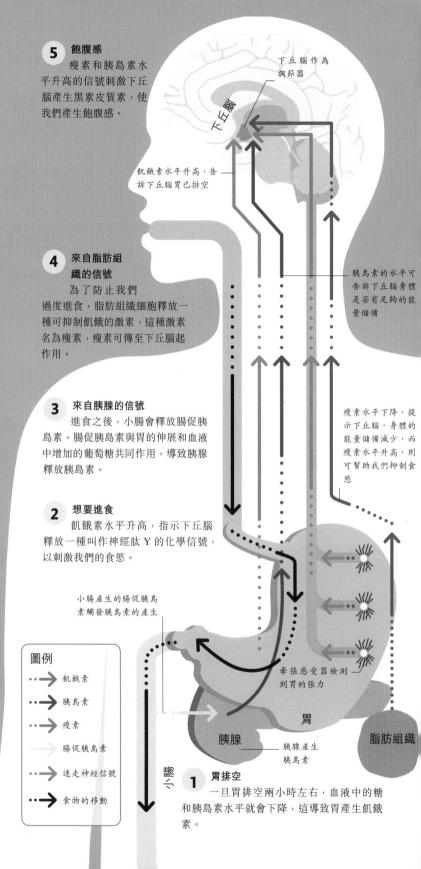

5　飽腹感
　　瘦素和胰島素水平升高的信號刺激下丘腦產生黑素皮質素，使我們產生飽腹感。

下丘腦作為調節器

下丘腦

飢餓素水平升高，告訴下丘腦胃已排空

胰島素的水平可告訴下丘腦身體是否有足夠的能量儲備

4　來自脂肪組織的信號
　　為了防止我們過度進食，脂肪組織細胞釋放一種可抑制飢餓的激素，這種激素名為瘦素，瘦素可傳至下丘腦起作用。

瘦素水平下降，提示下丘腦，身體的能量儲備減少，而瘦素水平升高，則可幫助我們抑制食慾

3　來自胰腺的信號
　　進食之後，小腸會釋放腸促胰島素。腸促胰島素與胃的伸展和血液中增加的葡萄糖共同作用，導致胰腺釋放胰島素。

2　想要進食
　　飢餓素水平升高，指示下丘腦釋放一種叫作神經肽 Y 的化學信號，以刺激我們的食慾。

小腸產生的腸促胰島素觸發胰島素的產生

牽張感受器檢測到胃的張力

胃

圖例

- ┄┄▸　飢餓素
- ━━▸　胰島素
- ┄┄▸　瘦素
- ━━▸　腸促胰島素
- ┄┄▸　迷走神經信號
- ━━▸　食物的移動

胰腺　　胰腺產生胰島素　　脂肪組織

小腸

1　胃排空
　　一旦胃排空兩小時左右，血液中的糖和胰島素水平就會下降，這導致胃產生飢餓素。

口渴

當體內水的含量減少時，血液中的鹽濃度就會相對增加。腦中的渴感區域可以檢測到鹽濃度的上升，並向身體發送信號，以通過減少尿量和攝入更多液體補充水分。飲水後大約 15 分鐘，血液中的鹽濃度才恢復正常。有人認為喝下液體時喉嚨的吞咽動作，也會發出停止飲用液體的信號。

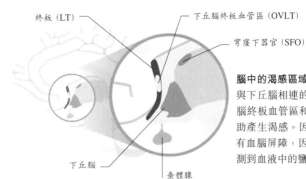

終板 (LT) ｜ 下丘腦終板血管區 (OVLT)

穹窿下器官 (SFO)

下丘腦

垂體腺

腦中的渴感區域
與下丘腦相連的兩個結構：下丘腦終板血管區和穹窿下器官可協助產生渴感。因為這兩種結構沒有血腦屏障，因此被認為可以監測到血液中的鹽含量。

1 心臟和腎臟的感受器監測到血容量的減少和鹽濃度增加後，向腦發出警示信號。

2 下丘腦終板血管區和穹窿下器官也收到關於血容量和鹽濃度的信號，並將該信號發送至下丘腦。

3  下丘腦將這些信號發送至垂體，後者產生抗利尿激素 (ADH)。

4 抗利尿激素水平升高，指示腎臟保留水分，而分泌腎素。這反過來促進血管緊張素 II 的生成。

7 喉嚨的吞咽動作刺激終板上的抑制性神經元。這些神經元會阻止水的進一步攝入。

6 下丘腦產生渴感，激發飲水的慾望，以保持體內水的含量。

5 穹窿下器官監測到血管緊張素 II，刺激下丘腦，以促進更多抗利尿激素的生成。

沒有食物或水，你能活多久？

平均來講，沒有水的話，人可以繼續存活 3～4 天；而在某些情況下，人可以最多兩個月不進食而存活下來。

你脫水了嗎？

脫水最明顯的症狀是口乾和眼睛乾澀，可能伴有輕微的頭痛。另一個辨別是否脫水的好方法是觀察尿液的顏色，在身體水分充足的情況下，尿液應該是淡黃色的。尿液呈深琥珀色提示你已嚴重脫水。成年人每天應該攝入 2～2.5 公升液體。

水分非常充足

水分充足

水分尚充足

已明顯脫水

脫水很嚴重，已至危險邊緣

準備電位

當我們準備進行一個自主活動時，就會建立一個稱作準備電位的電活動。這個電位始於輔助運動區，並通過運動前區的活動增強。輔助運動區的活動在我們意識到決定行動的兩秒前就開始了——這可能意味着我們對自己行動的控制力不如想像的那樣強（參見第 168 頁）。

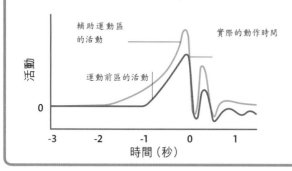

縱軸：活動
0
橫軸：時間（秒）
-3 -2 -1 0 1

輔助運動區的活動
實際的動作時間
運動前區的活動

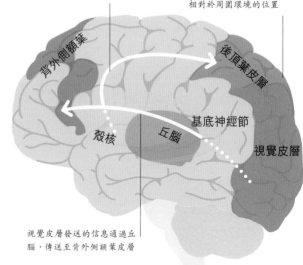

殼核將儲存的信息傳送到後頂葉皮層

後頂葉皮層接收來自殼核的信息，並評估身體相對於周圍環境的位置

背外側額葉

後頂葉皮層

殼核

丘腦

基底神經節

視覺皮層

脊髓

視覺皮層發送的信息通過丘腦，傳送至背外側額葉皮層

1 收集信息

感覺區域，如視覺皮層向額葉皮層發送信號。儲存習得動作的殼核將信息傳送到頂葉皮層，頂葉皮層評估這些習得的動作是否可以用於新的情況。

小腦含有超過 **50%** 的腦神經元。

計劃動作

自主動作是我們有意進行的，執行這些動作涉及腦的幾個區域，包括意識之外的一些過程。

計劃的過程

執行一個動作涉及幾個階段，包括從最初的感知環境到規劃動作，再到動作過程中的調整。這些階段調動腦的不同區域一起工作以產生反應。促使動作進行的腦區域是運動皮層。運動皮層的不同部分向身體的不同部位發送信號（參見第 98 頁）。然而，在動作開始之前，先由背外側額葉皮層和後頂葉皮層制訂一個動作計劃，並通過運動皮層的兩個區域，即輔助運動區（SMA）和運動前區（PMA）。小腦在動作發生時可對動作進行協調。上面的步驟顯示了一個典型動作涉及的腦區域和信號序列。

為甚麼我們不會忘記怎麼騎單車？

殼核中的神經細胞將肌肉運動的序列編碼到長期記憶儲存器中，即使在幾年後，這些序列編碼也很容易被獲取。

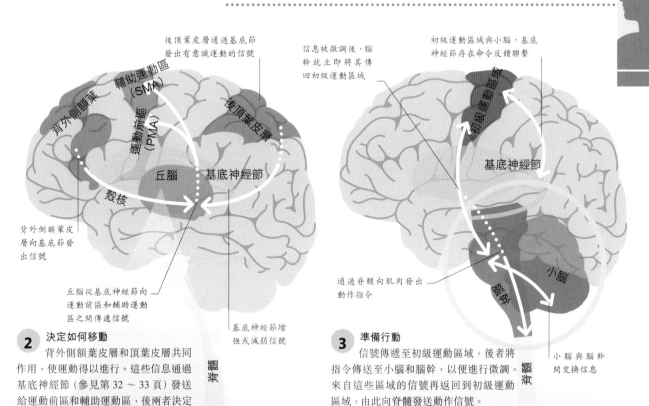

後頂葉皮層通過基底節
發出有意識運動的信號

信息被微調後，腦
幹就立即將其傳
回初級運動區域

初級運動區域與小腦、基底
神經節存在命令反饋聯繫

背外側額葉　輔助運動區
(SMA)

初級運動區域

運動前區
(PMA)

後頂葉皮層

基底神經節

丘腦　基底神經節

殼核

小腦

背外側額葉皮
層向基底節發
出信號

丘腦從基底神經節向
運動前區和輔助運動
區之間傳遞信號

基底神經節增
強或減弱信號

通過脊髓向肌肉發出
動作指令

小腦與腦幹
間交換信息

腦幹

脊髓

脊髓

2　決定如何移動

背外側額葉皮層和頂葉皮層共同
作用，使運動得以進行。這些信息通過
基底神經節（參見第 32 ～ 33 頁）發送
給運動前區和輔助運動區，後兩者決定
了所需肌肉收縮的順序。

3　準備行動

信號傳遞至初級運動區域，後者將
指令傳送至小腦和腦幹，以便進行微調。
來自這些區域的信號再返回到初級運動
區域，由此向脊髓發送動作信號。

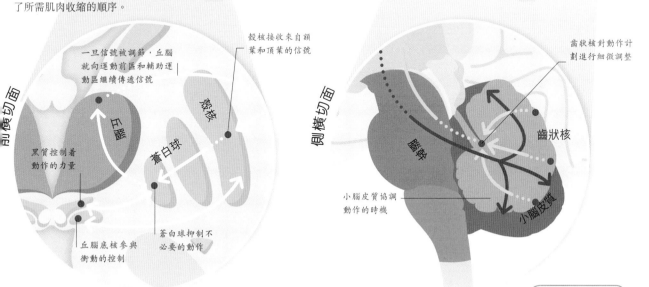

一旦信號被調節，丘腦
就向運動前區和輔助運
動區繼續傳遞信號

殼核接收來自額
葉和頂葉的信號

齒狀核對動作計
劃進行細微調整

前傾切面

丘腦

殼核

黑質控制着
動作的力量

蒼白球

側橫切面

腦幹

齒狀核

丘腦底核參與
衝動的控制

蒼白球抑制不
必要的動作

小腦皮質協調
動作的時機

小腦皮質

調節動作

基底神經節是一組與丘腦相連的核團，來自
額葉和頂葉區域的信號在基底神經節中傳遞，
並放大或抑制。

進行調整

來自初級運動區域的信號被發送到小腦，
後者測量時間，同時還可以根據環境實時
調整動作。

圖例

　傳至小腦的
信號

從小腦傳出
的信號

運動

一旦大腦有一個動作計劃（參見第 96～97 頁），就會通過神經系統向身體的相應肌肉發送信號，將意圖轉化為行動。

從腦到脊髓

來自大腦皮層運動區和頂葉區的信號，通過腦幹沿着神經元軸突傳遞，與脊髓中的運動神經元交流。大部分軸突形成皮質脊髓外側束的一部分，該神經束在腦幹底部交叉，因此來自一側腦半球的軸突與身體另一側的運動神經相連。其他神經束則起源於中腦的不同部位，並執行特定的運動功能。

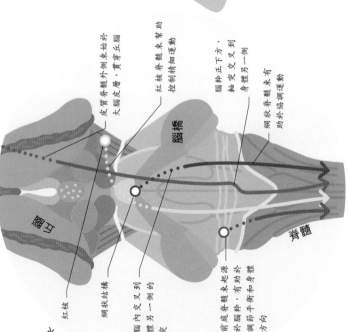

左邊腦

頂葉

小腦

初級運動區域

多數信號來源於初級運動區域

中腦

軸突匯合於中腦，並連接精轍

來自腦（上運動神經元）的神經元軸突將信號下傳至脊髓

髓錐

腦橋部分標示

皮質脊髓外側束始於大腦皮層、貫穿丘腦

紅核脊髓束幫助控制精細運動

腦幹正下方，軸突交叉到身體另一側

網狀脊髓束有助於協調運動

腦橋

紅核

網狀結構

中腦內交叉到身體另一側的軸突

前庭脊髓束起源於腦幹，有助於調節平衡和身體方向

延髓

髓錐

圖例

➜ 皮質脊髓外側束

➜ 紅核脊髓束

➜ 前庭脊髓束

➜ 網狀脊髓束

➜ 運動神經元軸突

1 神經束

皮質脊髓外側束的軸突向骨骼的肌肉發送信號，從而產生自主肢體運動。其他軸突突負責身體的非自主反應，如平衡和微調運動等。

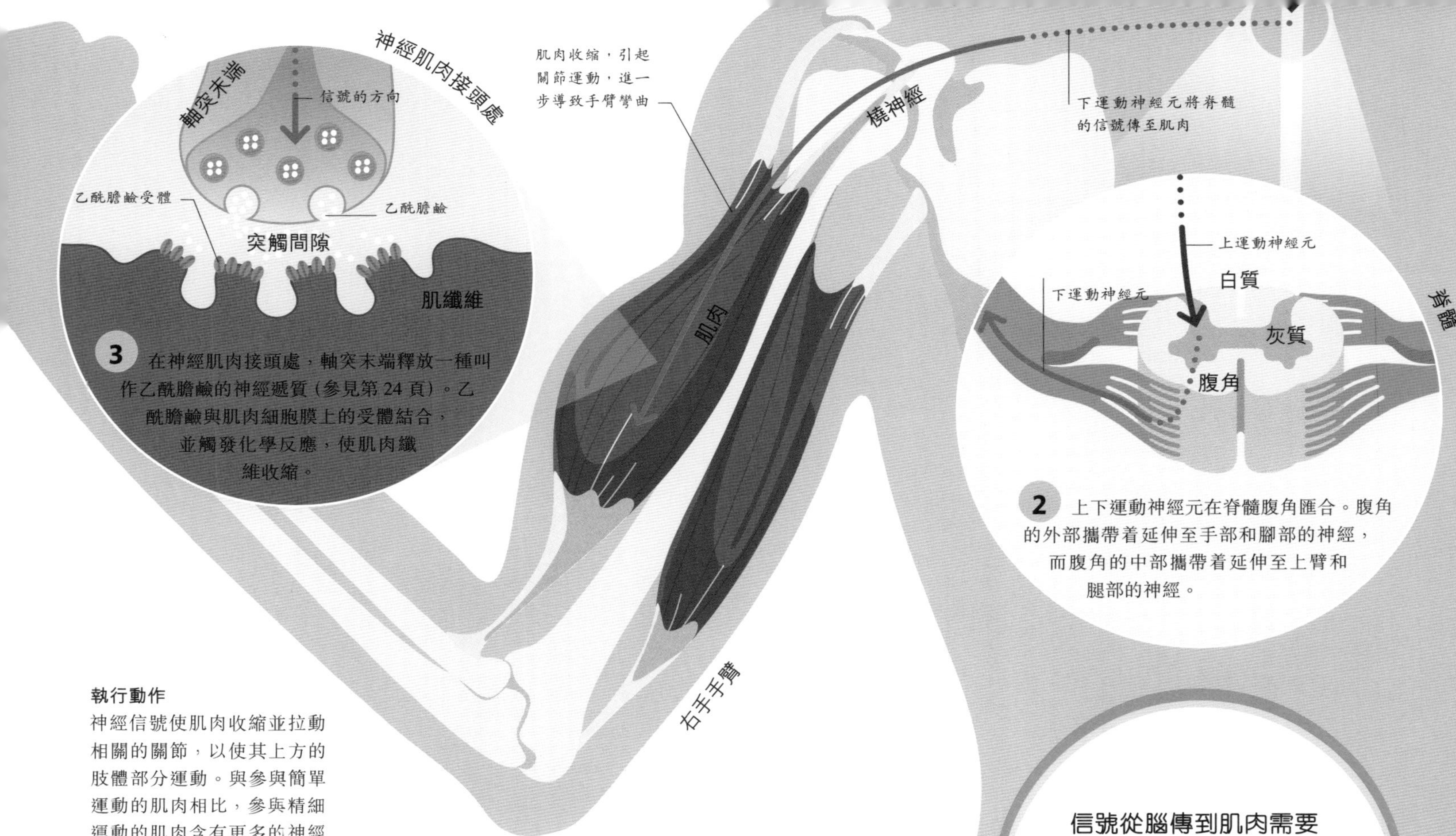

脊髓

下運動神經元將着積
的信號傳至肌肉

上運動神經元

白質
灰質

腹角

下運動神經元

2 上下運動神經元在脊髓腹角匯合。腹角的外部攜帶着延伸至手部和腳部的神經，而腹角的中部攜帶着延伸至上臂和腿部的神經。

骶神經

橈神經

肱二頭肌

肌肉收縮，引起相關的關節，以使其上方的肢體部分運動。與參與簡單運動的肌肉相比，參與精細運動的肌肉含有更多的神經末梢。

神經肌肉接頭處

乙酰膽鹼

肌纖維

信號的方向

突觸間隙

乙酰膽鹼受體

3 在神經肌肉接頭處，軸突末端釋放一種叫作乙酰膽鹼的神經遞質（參見第 24 頁）。乙酰膽鹼與肌肉細胞膜上的受體結合，並觸發化學反應，使肌肉纖維收縮。

信號從腦傳到肌肉需要多長時間？

信號能以每秒 120 米的速度從腦傳到肌肉。

執行動作

神經信號使肌肉收縮並拉動相關的關節，以使其上方的肢體部分運動。與參與簡單運動的肌肉相比，參與精細運動的肌肉含有更多的神經末梢。

從脊髓到肌肉

在脊髓內，皮質脊髓束的軸突被髓鞘覆蓋，形成白質。脊髓中央的灰質由運動神經元的細胞體組成。皮質脊髓軸突（稱為上運動神經元）的末端與灰質腹角（前角）的運動神經元（稱為下運動神經元）形成突觸。下部神經元的軸突通過椎骨（參見第 12 頁）的間隙離開脊柱，並延伸到肌肉纖維，神經末梢激活肌肉纖維完成運動的點叫作神經肌肉接頭。

無意識動作

有些自主性動作對我們來說太熟悉了,我們甚至都不用想就已完成了。而另一種無意識的動作則是反射,是一種回應危險的本能反應。

反應路徑

視覺信息對我們計劃動作至關重要。來自視覺皮層的信息在腦中沿兩條路徑傳遞(參見第 70 ～ 71 頁):通往頂葉的上部(或背)路徑實時指導我們的動作;同時,以顳葉為終點的下部(或腹側)路徑,則觸發儲存的視覺體驗,幫助解釋我們所看到的景象,並做出相應的反應。

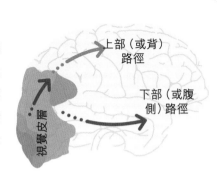

上部(或背)路徑

下部(或腹側)路徑

視覺皮層

大腦中的視覺通路
背側路徑攜帶有關身體和其他物體位置的信息,而腹側路徑則利用感知和記憶來識別物體。腦利用這些信息來判斷運動所需的力量和方向。

協調動作

任何動作系列都需要腦不同部位之間的協調:首先注意力需要集中在任務上,整合感官信息和記憶來制訂計劃,然後讓運動區域參與行動。一項新技能的獲得,如駕駛或運動,則涉及學習和練習執行動作的順序,使它們可以在幾乎無意識的狀態下進行。當我們學習到一項技能時,腦細胞就形成了新的連接。而當我們已經掌握了一項技能(參見右圖)後,與還是新手時相比,在執行該任務時,相關的大腦皮層活動要少得多。因此,對某項技能熟練的人,比如職業網球運動員,他的動作會更加迅速、精確和微妙。

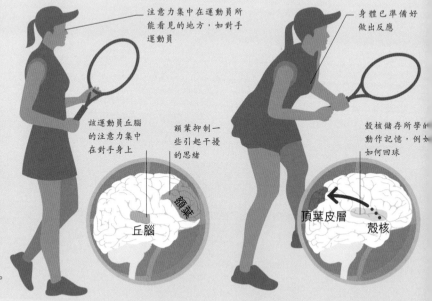

注意力集中在運動員所能看見的地方,如對手運動員

身體已準備好做出反應

該運動員丘腦的注意力集中在對手身上

額葉抑制一些引起干擾的思緒

殼核儲存所學的動作記憶,例如如何回球

額葉

丘腦

頂葉皮層

殼核

1 專注
為了準備執行動作,丘腦將注意力引向動作將要涉及的區域(如對方球員),而額葉則阻止分散注意力,以便球員集中注意力於視覺信號。

2 記憶
視覺信號觸發頂葉皮層,喚起殼核對動作順序的記憶。頂葉皮層利用這些信息來評估環境,並為動作創建一個內部模型。

反射動作

反射是對危險的瞬間反應，我們不需要學習或思考，身體就會自動作出反應。反射動作與自主性動作所使用的肌肉相同，但最初的瞬間反應並不涉及腦的功能。相反，來自感覺神經的信號傳遞到脊髓，從而觸發沿着運動神經傳遞的反應。之後，額外的信號被發送到大腦，以便對記憶編碼，以防危險再次發生。

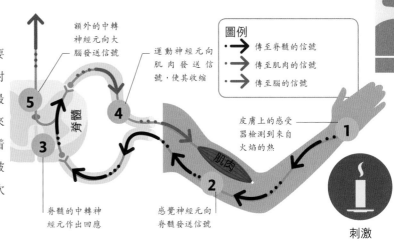

額外的中轉神經元向大腦發送信號

運動神經元向肌肉發送信號，使其收縮

圖例
→ 傳至脊髓的信號
→ 傳至肌肉的信號
⋯→ 傳至腦的信號

皮膚上的感受器檢測到來自火焰的熱

1

脊髓

5

4

3

肌肉

2

脊髓的中轉神經元作出回應

感覺神經元向脊髓發送信號

刺激

我們的**神經元和神經路徑**隨着**經驗**而**不斷變化**。

繞開腦
反射是涉及一個稱為反射弧的神經反應。皮膚和肌肉上的感受器沿着感覺神經元向脊髓發送危險信號，在脊髓處，中轉神經元與運動神經元形成突觸，從而觸發快速反應。

能力的發展

任何人學習一項新技能都要經過幾個階段。初學者必須努力學習才能獲得相應的能力。而隨着不斷的練習，神經通路會不斷完善，直到學習者不經思考就能表現良好。

無意識的能力
自動執行技能

有意識的能力
可以使用該技能，但需要努力才能完成

有意識，尚無能力
知道所需的技能，但尚不熟練

無意識，無能力
不知道所需的技能，也沒有熟練掌握

球飛向球員

開始按順序執行動作

初級運動區域計劃並執行動作

運動前區計劃動作

運動皮層

視覺皮層

3 計劃
腦將實時視覺信息和儲存的運動序列程序結合起來，形成一個動作計劃。這個計劃首先在運動前區演練，然後發送到初級運動皮層。

4 有意識的動作
當球員意識到自己的行為時，開始執行動作順序。擁有足夠的技能、知識儲備和信息，會使動作變得更有效。

鏡像神經元

我們不僅可通過練習來習得新技能，還可以通過觀察他人來學習。這種學習方法被認為與大腦中一種叫作鏡像神經元的神經細胞相關，這種神經元允許我們在不實際執行某項動作的時候，也能體驗它。

甚麼是鏡像神經元？

鏡像神經元是指既可以在執行動作時，又可以在觀察別人執行該動作時受到觸發的腦細胞。鏡像神經元首先在猴子身上被發現，隨後在人類身上也發現了它的存在。多數相關研究採用的是功能核磁共振成像（fMRI，參見第 43 頁）技術，也有研究者將電極植入受試者的腦中測定。在這項研究中，研究者在負責制訂動作順序的輔助運動區，及負責記憶和方向的海馬區均發現了鏡像神經元。

它們在哪裏？
人們已在多種皮層區域，以及更深層的腦結構，如海馬區，發現了鏡像神經元。

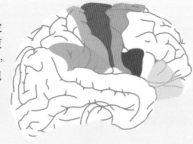

圖例

🔵 運動前區	⚫ 初級運動區
⚫ 部分佈羅卡區	🔵 體感區
⚪ 額下回	🔵 頂葉下回
🔵 輔助運動區	

鏡像動作

一些科學家認為，鏡像神經元在學習如何模仿動作方面可能發揮作用。在這個理論中，一些腦區域，如負責分析的前額葉皮層，將有關動作目的的信息傳至鏡像神經元。隨後，在多個運動區域的鏡像神經元對該動作的模擬形式編碼，以使後者變為我們自己的運動程序。之後，如果我們自己需要做出這個動作，則可以使用這個「程序」。

觀察一個動作
針對面部和四肢的不同動作，鏡像神經元做出的反應也不同。特別是，看到針對身體本身的動作（如咀嚼）和看到針對一個可見物體（如咬一口水果）的動作，會激活不同區域的鏡像神經元。

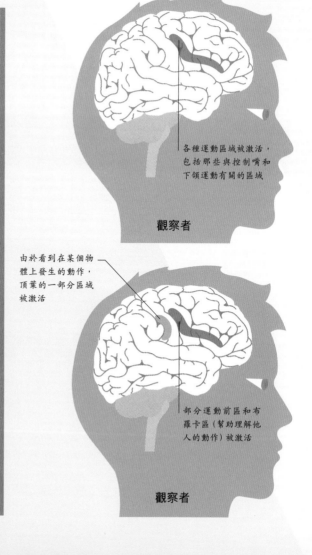

各種運動區域被激活，包括那些與控制嘴和下頜運動有關的區域

觀察者

由於看到在某個物體上發生的動作，頂葉的一部分區域被激活

部分運動前區和布羅卡區（幫助理解他人的動作）被激活

觀察者

其他動物有鏡像神經元嗎？

鏡像神經元最早在獼猴身上發現，隨後也在一些鳥類中發現，比如鳴禽。最近在老鼠身上也發現了鏡像神經元的存在。

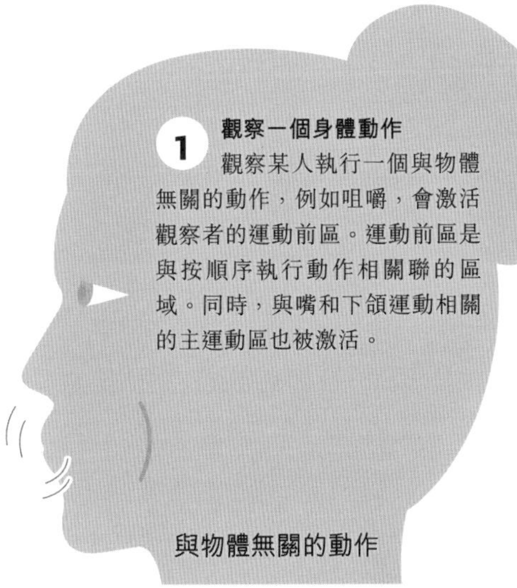

打呵欠

鏡像神經元可能在解釋「傳染性哈欠」中起一定作用。「傳染性哈欠」即當我們看到別人打哈欠時，自己也產生了打哈欠的衝動。對觀看他人打哈欠短片的人進行的功能磁共振成像掃描顯示，觀看者右側額葉下回（與鏡像神經元相關的區域）表現活躍。

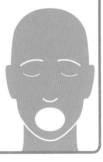

理解意圖

當我們看到其他人執行特定的動作時，鏡像神經元會以不同的方式被激活，這表明它們可能在解碼動作執行者的意圖中發揮作用。在不同環境下觀看類似動作，比如看到某人拿起杯子喝水或是洗杯子，會在額葉下回觸發不同程度的神經活動。額葉下回是將注意力引向環境中物體的腦區域。

1 觀察一個身體動作
觀察某人執行一個與物體無關的動作，例如咀嚼，會激活觀察者的運動前區。運動前區是與按順序執行動作相關聯的區域。同時，與嘴和下頜運動相關的主運動區也被激活。

與物體無關的動作

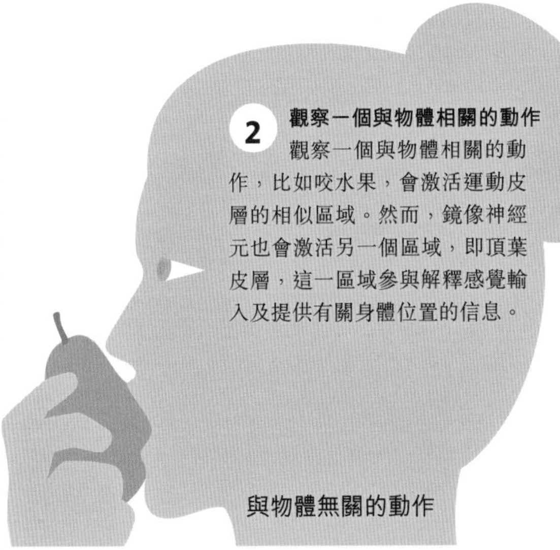

2 觀察一個與物體相關的動作
觀察一個與物體相關的動作，比如咬水果，會激活運動皮層的相似區域。然而，鏡像神經元也會激活另一個區域，即頂葉皮層，這一區域參與解釋感覺輸入及提供有關身體位置的信息。

與物體無關的動作

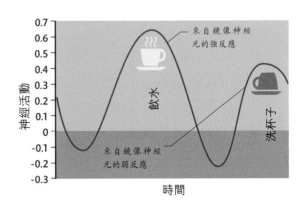

動作的意圖和腦的活動
當某人看着別人舉起杯子喝水而不是去洗杯子時，觀看者腦中的活動會更活躍。一些科學家認為，這可能是由於飲水比洗杯子具有更大的生物功能所致。

當音樂家們一起演奏時，
他們的**腦電波**就會**同步**。

交流

情緒

　　情緒是人對外部事件的生理反應，且伴隨着獨特的感覺。情緒的進化是為了使我們遠離危險，獲得獎賞。

引發**情緒**反應的**荷爾蒙**在 **6 秒**內被吸收。

基本情緒

　　研究表明，生理上不同的意識感受共有四種：憤怒、恐懼、快樂和悲傷。這些感受結合在一起，讓我們產生一系列的情緒。從廣義上來說，情緒分為積極的或消極的，其強度各不相同。不同的情緒狀態與影響一個人行為和思維方式的特殊生理變化有關。例如，當我們放鬆和害怕時，對世界的看法是不同的。這種生理、行為、思想與感覺的協調，使我們能夠根據事件調整自己的行為。

情緒

情緒經驗來源於上述四種基本的情緒。近期一項研究表明，情緒經驗可能分為 27 種，右圖列舉了一部分。某些情緒是有梯度變化的，比如從焦慮到害怕，再到恐懼。

你為甚麼哭？

只有人類會哭，但沒有人知道我們為甚麼哭，尤其是考慮到悲傷和快樂都能喚起眼淚的時候。哭是一種人際功能，它表明我們處於情緒低落的狀態，從而引起適當的社會反應。哭也是一種宣泄，讓情感充分參與和體驗，有利於心理健康。

平靜　接納　驚奇　欣賞　成就感　寬慰　困惑　焦慮　期待　嘔心　喜樂　驚喜

生氣　驚慌　悲傷　快樂

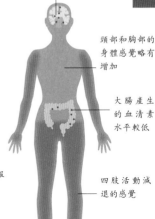

情緒剖析

回應外間刺激，腦啟動激素的變化，進而觸發生理變化，促使我們以適當的方式對當前的情緒狀態作出反應。心率變化、流向肌肉的血流量改變和出汗都與情緒激動有關。這些變化可以被主觀感受到，進而增加了情緒的強度。

笑的目的是甚麼？

大笑引起的放鬆，抑制了生物性的「戰鬥或逃跑」反應。

快樂和悲傷

血清素、多巴胺、催產素和安多酚是影響我們幸福感的荷爾蒙。情緒可以通過身體來感受，在不同的身體部位會感受到不同的情緒。這裏顯示了血清素的作用。

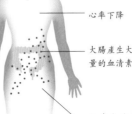

血清素

腦產生絕大多數與快樂相關的荷爾蒙

心率下降

大腸產生大量的血清素

全身各處都報告一種幸福感

腦中血清素水平很低

頸部和胸部的身體感覺略有增加

大腸產生的血清素水平較低

四肢活動減退的感覺

圖例

○ 報告正面的感覺

● 報告負面的感覺

快樂　　　　　　悲傷

無意識的情緒

對於原始的自動應答（如「戰鬥或逃跑」反應）來說，速度是至關重要的。出現得太快而不能被意識感知的情緒化刺激會引起情緒反應，並激活杏仁核。這些最初的反應決定了大腦皮層處理信息的方式。杏仁核參與情感記憶，在未來遇到相同情況時，會自動被激活。

感覺皮層

傳遞到感覺皮層的感覺信息被廣泛地處理為有意識的感知，並與儲存的信息整合到一起，但這需要時間。

海馬體

海馬體處理有意識的感知信息，並形成記憶。同時，海馬體還將輸入的信息與之前的記憶進行對比，以調整我們的情緒反應。

慢而精確的路徑

兩條路徑

有意識的情緒處理包括將感覺信息與儲存的記憶結合起來，並對情況合理的評估，這是「慢而精確的路徑」。與之形成對比的是無意識的反應，這種反應通過「快而不精確的路徑」，因此，發生的速度更快。前額葉皮層在有意識的情緒調節中很重要。

丘腦

傳入的信息一方面被送至杏仁核，以便快速評估和採取行動；另一方面被傳送到皮層區域，以便被意識覺知。

杏仁核

杏仁核立即評估傳入信息的情感重要性，並迅速向其他區域發送信號，以便立即採取行動。

下丘腦

杏仁核發出的信號會觸發激素的變化，並輸出到自主神經系統，以激發身體對情緒刺激的反應。

快而不精確的路徑

恐懼和憤怒

恐懼和憤怒會觸發體內激素的釋放，使我們做好對應威脅的準備。然而，

在現代社會，長期焦慮會引起交感神經系統過度激活，引發健康問題。

下丘腦
丘腦
杏仁核
視覺皮層

戰鬥或逃跑

當我們看到可能的威脅時，視覺信息會傳遞到腦內一個處理情緒的小區域，該區域稱為杏仁核。杏仁核向下丘腦發出一個信號，激活交感神經系統，使身體做好應對危險的準備。下丘腦還向垂體和腎上腺發送信號，腎上腺可分泌皮質醇和腎上腺素等激素。這些路經共同作用，使身體做好準備發起「戰鬥」或逃跑」反應，以啟動我們的「戰鬥或逃跑，逃跑。

肌肉緊張
我們的手臂、腿和腹部的肌肉為行動做好了準備。我們可能感到緊張或「焦躁不安」。

消化減慢
為了避免能量的浪費，消化系統的活動減少。在極端情況下，我們甚至會將未消化的食物嘔吐出來。

呼吸頻率上升
這會給肌肉供氧，讓它們為行動做好準備，但這樣也會引起過度換氣的症狀。

唾液分泌減少
當我們感到恐懼的時候，唾液分泌會減慢。這會導致口乾。

對危險作出反應
信號傳遞至丘腦和杏仁核，觸發下丘腦產生「戰鬥或逃跑」激素。另外，一條緩慢的、有意識的路經也參與評估這種情況（參見第 107 頁）。脑皮層的路經也參與評估這種情況（參見第 107 頁）。

瞳孔放大
我們的瞳孔放大，以讓更多的光線進來，這樣我們就能更清楚地看到威脅。

出汗增多
我們的汗腺加快，將富含氧氣和營養物質的血液泵送到身體需要的地方。

心率增加
我們的心跳加快，將富含氧氣和營養物質的血液泵送到身體需要的地方。

血管收縮
皮膚表面的血流減少，所以我們可能看起來很蒼白。

全世界有 4% 的人患有蜘蛛恐懼症，這是一種看到蜘蛛感到恐懼的症狀。

血糖達到巔峰
肝臟釋放出儲存的糖，為肌肉提供所需的能量。同時，脂肪儲備也被調動起來。

血液流向肌肉
攜帶營養物質和氧氣的血液流向肌肉，使它們為「戰鬥或逃跑」做準備。

膀胱的肌肉放鬆
這會導致我們產生排尿的想法，而排尿可以減輕體重，尿尿可以減輕體重，使我們的行動更快更輕。

免疫系統活動減少
在這個時候，處理感染並不重要，因此免疫系統關閉以節省能量。

驚恐循環

驚恐發作是對恐懼或焦慮的身體反應。其症狀包括劇烈的心跳、淺而快的呼吸和出汗，患者最初可能認為自己心臟病發作。打破這個循環的第一步，是認識到你正在經歷一次驚恐發作。

1 誘因
驚恐發作可能有一個單一的觸發因素（比如恐懼症），或者在壓力和焦慮增加時開始發作。

2 對危險的解讀
你的大腦將這種感覺理解為危險，並釋放出「戰鬥或逃跑」荷爾蒙。

3 生理效應
生理上的感覺，如心率的增加，是由荷爾蒙引起的。

4 焦慮的累積
如果你不知道觸發因素，也不確定這是為甚麼發生這種情況，你的焦慮就會增加。

5 症狀加重
更多的荷爾蒙被釋放，症狀加重，進一步增加焦慮。

6 驚恐發作
如果不加以控制，這可能會演變成一場全面的驚恐發作，患者甚至可能擔心自己快死了。

生氣還是恐懼？

身體對恐懼和生氣的反應是相似的，我們會對自己的某些經歷感到生氣或恐懼，主要取決於我們理解這種感覺的方式。有一個理論是：當我們知道一件不好的事情為甚麼會發生，以及是誰造成了這件事情的發生，我們就會感到憤怒。而如果我們不知道這件事情已經完全不受控制，我們會感到恐懼。

背景原因是重點
我們對一個特定的刺激表現出恐懼還是生氣，常常取決於這個刺激激發生的背景或原因。

「戰鬥或逃跑」反應被觸發

午夜時分，你被樓下的噪音吵醒了

你一個人居住，所以你這樓下應該沒人。

你不知道是誰發出了那個噪音，所以你感到恐懼。

你回想起你的室友之前出去了，那個噪音應該是他回來的時候引起的。

由於你對你室友的不禮貌的行為，你感到很生氣。

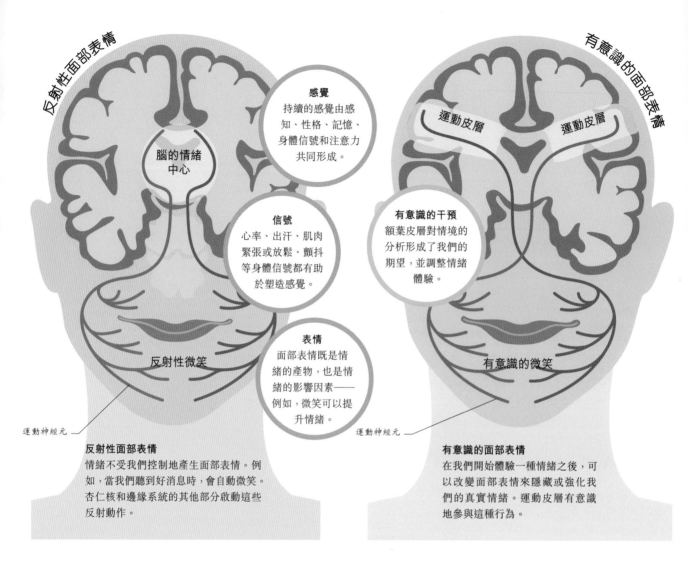

反射性面部表情

感覺
持續的感覺由感知、性格、記憶、身體信號和注意力共同形成。

腦的情緒中心

信號
心率、出汗、肌肉緊張或放鬆、顫抖等身體信號都有助於塑造感覺。

反射性微笑

表情
面部表情既是情緒的產物，也是情緒的影響因素——例如，微笑可以提升情緒。

運動神經元

有意識的面部表情

運動皮層　　運動皮層

有意識的干預
額葉皮層對情境的分析形成了我們的期望，並調整情緒體驗。

有意識的微笑

運動神經元

反射性面部表情
情緒不受我們控制地產生面部表情。例如，當我們聽到好消息時，會自動微笑。杏仁核和邊緣系統的其他部分啟動這些反射動作。

有意識的面部表情
在我們開始體驗一種情緒之後，可以改變面部表情來隱藏或強化我們的真實情緒。運動皮層有意識地參與這種行為。

情緒是如何形成的
反射性的表情和有意識的表情都是由運動皮層引導的，但是反射性的表情是直接從邊緣系統，而不是通過額葉傳遞到運動區的。我們也可以有意識地改變對情緒的生理反應。

有意識的情緒

　　人們是有意識地感受到情緒的，無論是積極的還是消極的，是多變的還是持續不變的，情緒都對我們的生活質量有重大影響。有意識的感覺與無意識的過程不斷地互相影響，共同形成了我們的情緒。

情緒形成

　　情緒反應是複雜和動態的。當對刺激的快速固有反應與詳細的分析相互作用時，情緒就會出現。固有反應是對關鍵刺激最有益的反應，一旦這些刺激引起了一個人的注意，理性的評估就會隨之而來。隨後，一個人的情緒如何變化則取決於他們的性格、過去的經驗及他們對信息的評估方式。

情緒反應

情緒反應會隨着時間的推移而變化，可從最初的保護性反應到經過深思熟慮之後的反應。想像一個朋友突然向你撲來：首先你感到震驚或恐懼，但當你的大腦進一步處理信息時，你會過渡為平靜。在這個過程中，第一個階段是注意力被「抓住」，杏仁核做出快速反應，激發意識腦區為主觀感知做準備。

 小於 100 毫秒
感覺信號進入杏仁核，杏仁核將信號發送到頂葉皮層，然後再傳至運動皮層，以對情緒刺激產生快速反應，例如逃離危險。

 100 ～ 200 毫秒
信息隨後到達額葉，並在該處形成意識，以採取相應的行動。

 350 毫秒
隨後，經過深思熟慮之後的反應被傳遞回運動皮層，指導身體做出適當的反應。

圖例
- 杏仁核
- 初級視覺皮層
- 額葉皮層
- 梭狀回（人臉識別區）
- 運動皮層
- 頂葉皮層

信號傳遞至運動皮層和頂葉皮層

信號傳遞至杏仁核

來自感覺區域的信號

識別路徑

額葉皮層記錄信息

來自額葉的信號傳遞至運動區域

血清素

除了多巴胺和去甲腎上腺素，血清素也是一種神經遞質，在調節情緒方面起着關鍵作用。雖然並不能簡單地將血清素水平高等同於快樂，或血清素水平低等同於悲傷，但血清素的減少通常與抑鬱和焦慮有關。很多抗抑鬱藥物通過提高腦中血清素的水平起作用。鍛鍊也可能有一定的幫助，例如，急步或跳舞可以提高血清素水平。

情緒是有**傳染性**的，人類會**模仿**彼此的表情。

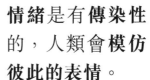

情緒和心情

情緒通常是短暫的，由特定的思想、活動或事件引起。心情則一般持續數小時、幾天甚至幾個月。例如，當你看見一個朋友正在跟你打招呼時，你會產生一陣快樂的情緒；但當你丟了一份工作，則可能經歷較長時間的悲傷或擔憂。情緒傾向於在瞬間表達，而心情卻不是。

情緒	可能的誘因	適應性行為
生氣	來自另一個人的挑釁行為	以「戰鬥」反應為主導，採取威脅性的姿態或行動
恐懼	來自強者或支配者的威脅	「逃跑」以避免威脅；或通過交流安撫威脅者
悲傷	失去自己愛的人	沉迷往事的消極狀態，以避免更多的困難
噁心	令人不快的事物（如腐爛的食物或不乾淨的環境）	厭惡行為——遠離不健康的環境
驚訝	發生了新奇的或是意想不到的事情	對令自己驚訝的事物格外關注，從而做出更強烈的反應

獎勵中心

　　腦的獎勵系統之所以逐漸進化，是因為它可以幫助我們尋找對我們的生存至關重要的東西。但如果這個系統被操縱了，則會導致成癮。

獎勵路徑

　　當我們做一些對生存很重要的事情時，比如飢餓時進食或者發生性行為，會引起腹側被蓋區（VTA）的神經元被激活，這些神經元可觸發神經遞質多巴胺的釋放。這些神經元將信號傳遞到一個叫作伏隔核的區域，多巴胺的數量在此處激增，告訴腦這是一種應該重複的行為。神經元也向額葉皮層發送信號，額葉皮層將注意力集中在有益的活動上。

多巴胺的湧入告訴腦去重複這個活動

注意力集中在活動上

多巴胺神經元激活並投射到其他腦區

額葉皮層

伏隔核

黑質

腹側被蓋區（VTA）

邊緣系統

光線進入眼睛

邊緣系統記錄感覺信息

獎勵路徑
獎賞系統從中腦的腹側被蓋區開始，傳遞到基底節的伏隔核，然後到額葉皮層。多巴胺也從黑質到基底神經節。這條通路影響運動的控制。

1 刺激
最初的刺激可能來自身體外部（比如看到食物）或者來自身體內部（比如血糖水平下降）。

2 衝動
從腹側被蓋區釋放到伏隔核的多巴胺，驅使我們尋找並努力獲取與刺激相關的獎勵。

3 慾望
這種衝動可能被記錄為大腦皮層的一種有意識的慾望，但有時它無法被察覺，甚至與我們有意識的慾望相反。

5 獎勵
這種獎勵會觸發腦中一個稱為「享樂熱點」的區域，釋放類阿片神經遞質，給人以愉悅感。

6 學習
如果獎勵比預期的還好，腦會釋放更多的多巴胺，加強刺激和獎勵之間的聯繫。

4 行動
額葉皮層的一個區域負責對輸入信號進行衡量，並決定是否尋求獎勵，然後身體就會行動起來。

成癮

　　大多數藥物濫用會在獎勵系統中產生大量多巴胺，遠遠超過食物或性等自然獎勵所能產生的多巴胺的量。這就導致了成癮者尋找更多毒品的強大動力。藥物成癮還會使成癮者腦中多巴胺受體的數量減少，因此自然回報無法再給他(她)同樣的感覺。這就意味着成癮者失去了諸如尋找食物和參與社交活動的衝動。相反，藥物成為多巴胺釋放的強大誘因，即使成癮者有意識地想停止吸毒，也會對毒品產生強烈的渴望。

高達 60% 的成癮源於遺傳因素。

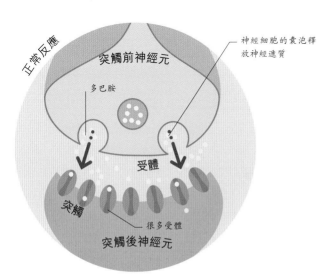

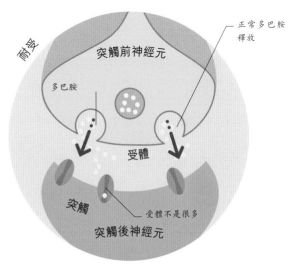

充滿多巴胺

一些藥物會增加多巴胺的釋放，而另一些藥物則會阻止多巴胺被循環利用。大腦中突觸的積聚會產生一個巨大的反應，引起成癮者尋找更多藥物的動力。同時，環境也與藥物濫用有關，並可能在未來引發對藥物的渴望。

多巴胺耐受

隨着時間的推移，大腦會通過減少多巴胺受體的數量來抵消過量的多巴胺。當正常數量的多巴胺被釋放時，幾乎起不到任何效果。使用者可能需要越來越大劑量的藥物來感受之前同樣的效果，而他們對其他獎勵的渴望也會降低。

垃圾食品為甚麼這麼好吃？

垃圾食品含有大量的糖、鹽和脂肪，觸發了腦的獎勵系統。這一獎勵機制會幫助我們在食物匱乏的時候生存下來。

想要與喜歡

獎勵路徑通常被稱為「快樂通道」，而多巴胺就是「快樂的化學物質」，但這並不準確。伏隔核中的多巴胺促使人們「想要」獎賞，成癮者常常會體驗到對藥物的強烈渴望，但他們並不喜歡藥物濫用帶來的後果。快感可能是由其他神經遞質引起的，如鴉片類藥物或內源性大麻素。

性和愛

有性生殖是基因遺傳的基礎。多種情緒的演變伴隨和促成這一過程，共同創造出愛的感覺。

愛與吸引

對愛情和性行為的科學研究已經確定了愛的三個主要組成部分：吸引力、依戀和性慾。這些狀態都發生在不同的時間尺度上，涉及腦的不同區域，產生一系列稱為神經遞質和激素的化學信使。性慾和吸引力是緊密相連的，但兩者都很短暫，均在較短的時間內流逝。為了維持兩性關係，上述狀態必須產生深刻的依戀，這涉及腦的長期變化。

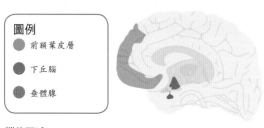

圖例
- 前額葉皮層
- 下丘腦
- 垂體腺

腦的區域
下丘腦和垂體控制早期激素主導的親密關係。隨後，前額葉皮層介導了與依戀有關的情緒控制。

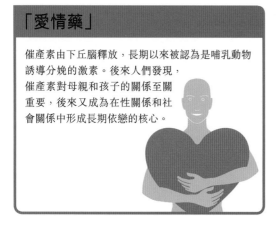

「愛情藥」

催產素由下丘腦釋放，長期以來被認為是哺乳動物誘導分娩的激素。後來人們發現，催產素對母親和孩子的關係至關重要，後來又成為在性關係和社會關係中形成長期依戀的核心。

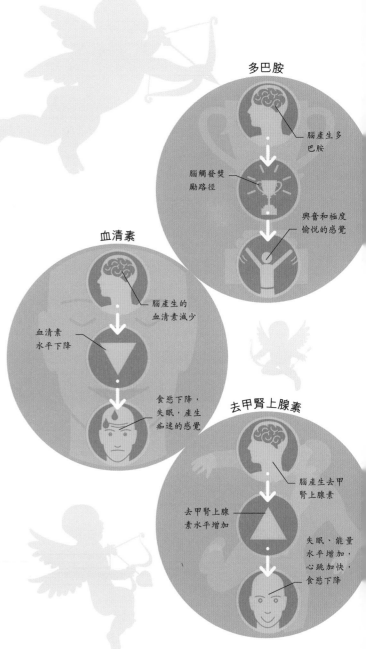

多巴胺
- 腦產生多巴胺
- 腦觸發獎勵路徑
- 興奮和極度愉悅的感覺

血清素
- 腦產生的血清素減少
- 血清素水平下降
- 食慾下降，失眠，產生痴迷的感覺

去甲腎上腺素
- 腦產生去甲腎上腺素
- 去甲腎上腺素水平增加
- 失眠、能量水平增加、心跳加快、食慾下降

吸引
化學傳遞者多巴胺和去甲腎上腺素激增，加上血清素水平降低，產生了強烈的被吸引的感覺。在精力充沛的狀態下，被吸引者心跳加速、手心出汗、食慾不振，這表明他們總是想着愛人，渴望愛人的陪伴。

催產素減少腦中**恐懼**中樞的活動。

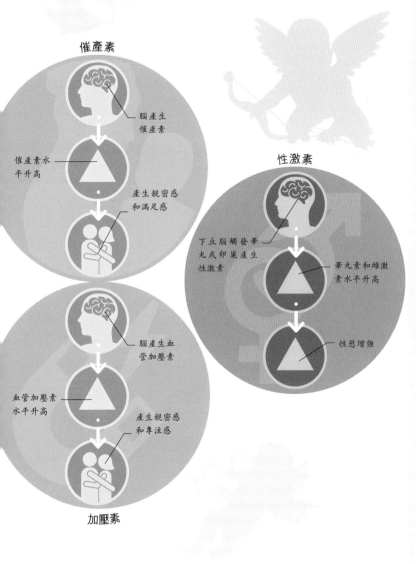

催產素

腦產生催產素

催產素水平升高

產生親密感和滿足感

性激素

下丘腦觸發睪丸或卵巢產生性激素

睪丸素和雌激素水平升高

性慾增強

腦產生血管加壓素

血管加壓素水平升高

產生親密感和專注感

加壓素

面部對稱

　　一個人的臉是決定別人是否認為他（她）具有吸引力的關鍵。人類和猴子喜歡對稱的臉，對稱是健康和遺傳的標誌。許多物種也喜歡異性的相貌，如雄性更喜歡看雌性的臉，反之亦然。這些因素相互作用——較高的面部對稱性增加了面部的女性或男性氣質。

圖例
● 對稱的臉　　● 不對稱的臉

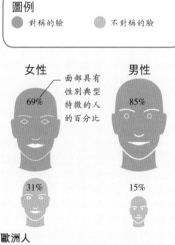

女性
69%
面部具有性別典型特徵的人的百分比

男性
85%

31%

15%

歐洲人
當看到具有高對稱性或低對稱性的面部時，歐洲人會認為高對稱性的面部看起來更有女性氣質或男性氣質。

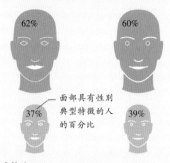

62%

60%

37%
面部具有性別典型特徵的人的百分比

39%

哈扎人
在坦桑尼亞土著民族哈扎人身上也發現了類似的結果，這表明對稱性和吸引力之間的聯繫是普遍的。

依戀
催產素和血管加壓素有多種作用，包括保護吸引我們的對象並關注他們的需要。這些激素會刺激形成長期關係，但也會增加對他人的不信任。

性慾
性慾是在睪丸素和雌激素的驅使下，發生性關係的原始衝動。雖然它們分別提高了男性和女性的性慾，但它們本身並不能單獨帶來持久的關係。

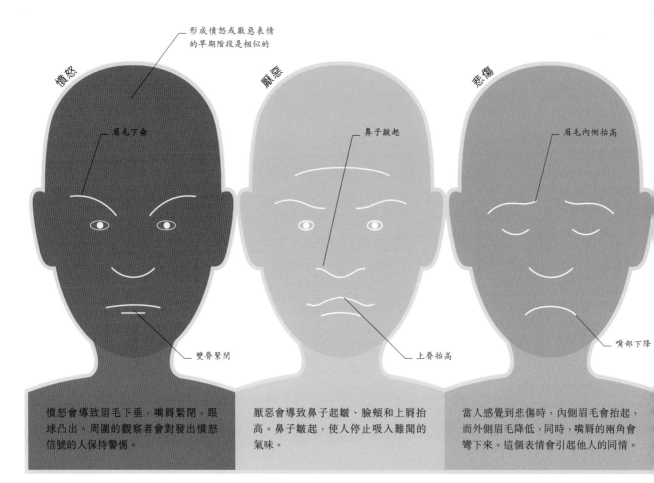

憤怒

形成憤怒或厭惡表情
的早期階段是相似的

眉毛下垂

雙脣緊閉

憤怒會導致眉毛下垂，嘴脣緊閉，眼球凸出。周圍的觀察者會對發出憤怒信號的人保持警惕。

厭惡

鼻子皺起

上脣抬高

厭惡會導致鼻子起皺、臉頰和上脣抬高。鼻子皺起，使人停止吸入難聞的氣味。

悲傷

眉毛內側抬高

嘴部下降

當人感覺到悲傷時，內側眉毛會抬起，而外側眉毛降低，同時，嘴脣的兩角會彎下來。這個表情會引起他人的同情。

普遍的情緒

　　心理學家發現有六種普遍的情緒：生氣、厭惡、悲傷、快樂、恐懼和驚訝。就像原色一樣，這六種普遍的情緒結合在一起，會產生我們所體驗的許多種情緒。每一種情緒都與一個獨特的表情相關，且在不同的文化中，同一種情緒的關聯表情都相似。表情一部分是生物性的，另一部分是社會性的。例如，當你感到驚訝或恐懼時，會睜大眼睛，以吸收更多的光線來更好地觀察周圍的情況。但是，表情在其他方面的演變，會作為一種社會信號傳遞給同一物種的其他成員。

表情

　　表情是情緒的延伸，使我們能夠將自己的感受傳達給他人，並推斷出周圍人的想法和感受。心理學家認為，人類共有六種基本情緒，每種情緒都有相關的表情。

微表情

微表情是一種微小的、不自覺的、通常難以察覺的面部表情。微表情持續的時間不超過半秒，做出微表情的人可能都不知道這種形式的「情感泄漏」正在揭露他們的真實感受。

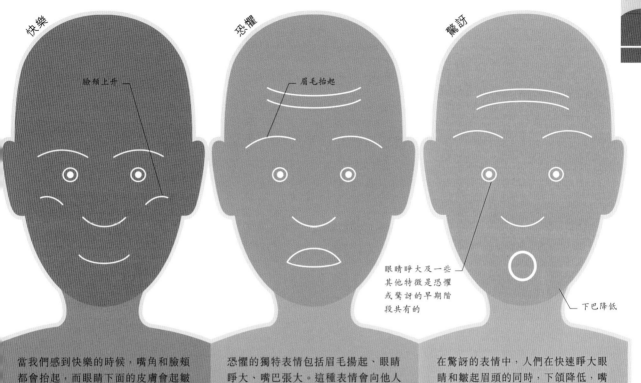

快樂

臉頰上升

當我們感到快樂的時候，嘴角和臉頰都會抬起，而眼睛下面的皮膚會起皺紋。據說眼睛看起來會閃閃發光。

恐懼

眉毛抬起

恐懼的獨特表情包括眉毛揚起、眼睛睜大、嘴巴張大。這種表情會向他人發送信號，使他人處於高度戒備狀態。

驚訝

眼睛睜大及一些其他特徵是恐懼或驚訝的早期階段共有的

下巴降低

在驚訝的表情中，人們在快速睜大眼睛和皺起眉頭的同時，下頜降低，嘴巴張得大大的。

微笑

　　微笑可以是積極情緒的真實表達，也可以是有意識的、有社會動機的行為。與社交微笑相比，真正的微笑是無意識的行為，涉及不同的肌肉羣。雖然真正的微笑和社交微笑都會出現嘴巴張大，嘴角上翹，但真正微笑的人會收縮並抬起臉頰的肌肉，在眼睛周圍產生「魚尾紋」。有意識的微笑使用的面部肌肉各不相同，並被用於一系列社交互動中。它們可以是社交的紐帶，也可以用來表示支配地位，還可以用來掩飾尷尬。

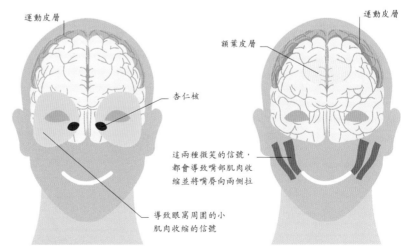

運動皮層

杏仁核

導致眼窩周圍的小肌肉收縮的信號

運動皮層

額葉皮層

這兩種微笑的信號，都會導致嘴部肌肉收縮並將嘴唇向兩側拉

真正的微笑

真正的微笑所涉及的肌肉收縮，是由腦的情感中心（如杏仁核）發出的信號觸發的，這些信號通常在我們意識不到的情況下工作。

有意識的微笑

社交微笑涉及激活額葉皮層和來自運動皮層的信號。在這個過程中，嘴部肌肉收縮，但我們無法控制眼部的肌肉。

肢體語言

肢體語言是一種非語言的交流。在這種交流中，我們的思想、意圖或感情是通過身體姿勢、手勢、眼球運動和面部表情等來表達的。

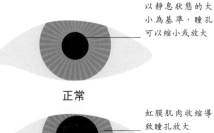

以靜息狀態的大小為基準，瞳孔可以縮小或放大

正常

虹膜肌肉收縮導致瞳孔放大

放大

快樂

無意識的交流

人與人之間的社會交往涉及複雜的非語言交流，非語言交流與語言交流同時進行。許多肢體語言都是本能產生的，例如，眼球運動、面部表情和姿勢等，都是在沒有意識控制的情況下發生變化的。因此，這些動作可以揭示出未表達出的意圖。肢體語言也被用來公開地表達社交意圖，例如親吻。這種交流非常豐富，涉及整個身體，而大腦的活動也與之相配。

眼睛的信號
瞳孔的大小經常發生改變，以發出各種信號。瞳孔放大可能表示驚訝或被吸引，而瞳孔縮小則與憤怒等負面情緒有關。

攻擊性

超過 **50%** 的交流基於肢體語言。

手勢在全世界都是同樣的含義嗎？

不，很多手勢都具有文化特殊性，一個簡單的手勢在不同的社會中有不同的含義。

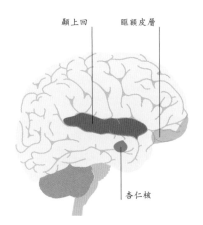

顳上回　　　眶額皮層

杏仁核

腦的處理過程
肢體語言的處理涉及杏仁核等區域，杏仁核接收情緒性信息。顳上回的部分區域對人體的動作做出反應，而眶額皮層則分析動作的意義。此外，當你看到別人移動時，被稱為鏡像神經元的特殊細胞也會被激活。

悲傷

面部表情
面部表情可揭示一個人的很多情緒（參見第 116～117 頁）。特別是眼睛和嘴巴，它們自動對強烈的感情做出反應，儘管人們可以有意識地改變自己的表情來掩飾情緒。

防衛性

姿勢
攻擊型姿勢會使人的體形增大，包括手臂伸展、雙腳分開和胸部突出。同樣的姿勢也可能表示侵入他人的私人空間。相反，防守型姿勢是封閉的，其典型動作是雙臂交叉。

手勢

大多數肢體語言是無意識地進行的，但我們可對手勢進行有意識的控制。手勢是用來傳達意思的身體動作。手勢有四種類型：象徵性（標誌性）、指示性（索引式）、運動性（節拍式）及詞彙性（符號性）。手勢可以用來代替語言，或者在說話時用以強調語言的內容。一些科學家認為，越來越複雜的手勢演變成了語言的前兆，而擁有語言是人類的獨有特徵。

手勢的類型

象徵性手勢
這些手勢可以被翻譯成文字，例如，通過招手來打招呼或做出「OK」的手勢。它們在特定文化中被廣泛識別，但在別的文化中，可能不被識別。

指示性手勢
指示性手勢包括指向（或以其他方式指示）具體的物體、人或更抽象的事物。無論是否伴隨語言，它們都像代詞一樣，意思是「這個」或「那個」。

運動性手勢
這類手勢持續的時間很短，常常與說話的方式相關，例如在說話時及時揮動手，以表示強調。運動性手勢本身沒有意義，也就是說，當只做手勢而沒有說話時，這個手勢就沒有意義。

詞彙性手勢
這些手勢描繪的是動作、人或物體，例如在講述投擲球的故事時模仿投擲的動作，或用手描繪物體的大小。詞彙性手勢通常伴隨著說話，但也有其獨立的意義。

手語

手語看起來是一種複雜的肢體語言，但它與說話有很多的共同點。研究表明，當人們做手語時，與他們在說話時活躍起來的腦區域（見右圖）相同。手語有語法，每個手勢都有特定的含義，而肢體語言則有廣義的解釋。

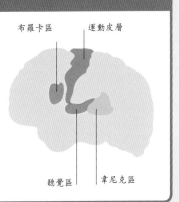

布羅卡區　　運動皮層

聽覺區　　韋尼克區

如何分辨一個人是否在說謊

　　區別一個人是否在撒謊，部分取決於你是否認識他；
對於你認識的人，你可以比較他日常的言行來判斷他是
否說謊。但是對於一個自信且具有說服力的人，尤其是
當你不認識他的時候，發現他說謊有多難？

簡單來講，很難。從傳統上來説，一個人正在撒謊的標誌是其眼神遊離，避免與他人的眼神接觸，經常收回和展開雙臂、聳肩及坐立不安。一些誠實的人也常常是緊張和不安的。而在其他一些人身上，這些信號表明他們努力使自己表現得值得信任。

測謊儀，或稱謊言檢測器，可以檢測人的脈搏和呼吸頻率、血壓及出汗情況，但其也曾受到過懷疑。這是由於人們在使用它的時候，會感覺到一定的壓力。一些無辜但容易焦慮的人的測試結果會出現「撒謊」，而那些保持平靜的、有經驗的撒謊者又可以輕鬆通過測謊儀的測試。

語言線索

語言可以稍微增加其可信度。説話猶豫、出現重複的字詞、斷斷續續、語氣或語速改變、語言模糊及描述一些微不足道的細節而避開主要討論的話題，都是腦通過採取一系列措施來爭取「思考的時間」，以努力使那些謊言聽起來可靠。尤其對於那些長期撒謊的人來説，他們需要搜索過往相關的記憶，以免在多個謊言中出現互相衝突的情況，而被別人識別出來。

一個更可靠的檢測撒謊的方法是通過功能性核磁共振掃描（fMRI），要求受試者全程協作。當人在撒謊的時候，腦中的某些區域會變得更加活躍，並在屏幕上顯示出來。這些區域包括前額葉、頂葉和前扣帶回皮層、尾狀核、丘腦和杏仁核。

總結來説：

- 判斷陌生人是否説謊要特別謹慎。
- 不要過於相信一些傳統的判斷撒謊的標誌，比如坐立不安或是缺乏眼神交流。
- 來自語言的線索，如猶豫和重複，可能稍微可靠一點。
- 在很多測試中，簡單的「直覺」也能成功地判斷別人是否在説謊。

道德

在正常環境中生活的大多數人，都有判斷對錯的本能，而道德似乎也有一部分是固有的，含有理性和情感的結合。

對與錯從何而來？

所有文化都有以共同道德為基礎的社會規範，從而凝聚社會。在做出道德判斷時，大腦有兩個系統發揮作用：一個是理性系統，該系統毫不費力且明確地評估可能採取的行動的利弊；另一個是感性系統，迅速地產生情感和直覺上的對與錯的感覺。理性和情感之間的相互作用是複雜的，有人對處理道德困境時腦的活動進行了研究，並發現了理性和情感之間相互作用的關鍵區域。

道德判斷

當我們做決定時，情感起着至關重要的作用。為了權衡道德，涉及情感體驗的腦區域會與記錄事實並考慮可能的行為及其後果的腦區域，相互協調。

圖例

 理性迴路

♥ 情感迴路

頂葉

頂葉負責工作記憶和認知控制，為我們感知來自社會的信息，以了解他人的意圖，例如某一行為是否具有攻擊性，或者社會環境如何影響行為。

背外側前額葉皮層

該區域負責對理性和情感信息進行整合。在面對複雜的道德困境時，背外側前額葉皮層能通過抵消腹內側區的活動來抑制情緒衝動。人們通常採納使用記憶或其他數據的認知解決方案來應對。

杏仁核

外側觀

後顳上溝

大腦皮層的這個區域與頂葉一起協作，提供信息，引導道德直覺和將信念歸因於他人，並將這些信息與行動的潛在後果結合起來。後顳上溝也可以幫助評估一個人是否在說謊。

顳極

顳極在社交處理（如面孔識別及理解他人的精神狀態）和情緒處理方面均有作用。顳極還有助於整合複雜的知覺信息和直觀的情緒反應。

腹內側前額葉皮層

該區域是允許情緒反應影響理性道德決定的重要結構。在精神病患者中，該區域與杏仁核和獎勵路徑之間的聯繫被破壞了。

利他主義

　　利他主義，即一個人以自身利益為代價或甘冒風險為他人謀利，包括同情他人的痛苦，並採取行動幫助他人。利他主義涉及不同的過程。腦掃描顯示，利他行為激活了獎勵路徑（參見第 112 ～ 113 頁），強化了利他行為，緩解了情緒上的不適。無私是人類行為的一個顯著特徵，但從進化角度來看，利他主義者也存在危險，這一點一直是個謎。

精神病

　　精神病患者可以理解道德，因此可以模仿正常的社會交往。這意味着其實他們自己在是否採取某種行為時難以自行判斷。其根本原因可能是，連接邏輯決策和情緒的大腦區域之間脫節，使他們無法控制自己行為的後果。

模仿情緒

後扣帶皮層

當環境發生變化，並且我們開始思考自身處境的時候，這個區域是活躍的。後扣帶回皮層是我們通過直覺評判他人精神狀態的中心區域，可以幫助我們評估犯罪的嚴重性並做出合適的反應。

額內側回

腦的這一區域對於做決策和在可選項之間進行抉擇非常重要，尤其是當有多種互相矛盾的選擇存在時。

伏隔核

內部觀

眶額前額葉皮層

觀看道德色彩很強的場景會激活這個區域，以處理情感刺激。它有助於對觀察到的行為做出公正的獎懲，並有助於做出情感化的道德選擇。

看到一個意外受傷的人會產生類似的腦活動，就好像自己也受傷了一樣。

腦損傷會影響道德嗎？

這取決於受影響的腦區域。例如，如果將情感與道德選擇聯繫起來的腦區域受到損傷，就會導致人們做出「冷酷無情」的決定。

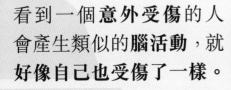

學習一門語言

與其他物種不同，人類的腦有專門負責語言的區域。嬰兒天生就具備學習語言的能力，他們通過腦中的這些專門區域和自己獨特的經驗相互作用來學習語言。為了學習語言，人們還必須與他人交流。

學會說話

人類對面孔的喜愛與生俱來，這有助於新生兒把注意力集中在與他們交談的人身上。然後，眼神交流和注視可以讓他們把聽到的話和正在談論的東西聯繫起來。當嬰兒學習新單詞時，會犯「過度延伸」的錯誤，他們會用一個詞來標記多個事物，例如用「蒼蠅」這個詞來指代任何小而黑的事物。

掌握語言的時間線

掌握語言的確切時間因人而異，但所有兒童都有類似的經歷順序——從牙牙學語到念出第一個字，最後再到說出完整的句子。

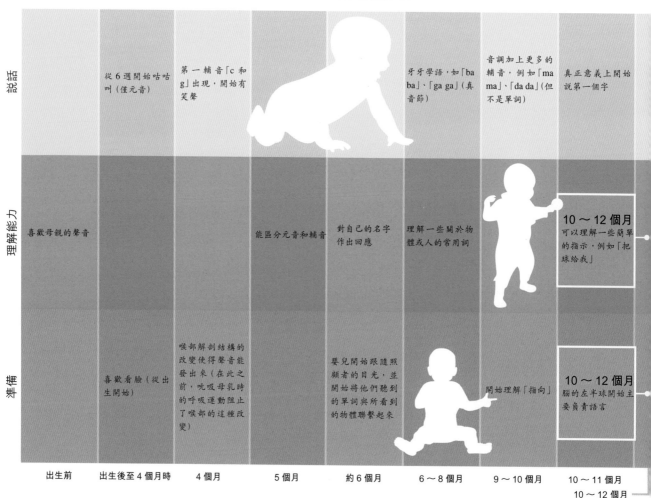

	說話	理解能力	準備
出生前		喜歡母親的聲音	
出生後至4個月時	從6週開始咕咕叫（僅元音）		喜歡看臉（從出生開始）
4個月	第一輔音「c和g」出現，開始有笑聲		喉部解剖結構的改變使得聲音能發出來（在此之前，吮吸母乳時的呼吸運動阻止了喉部的這種改變）
5個月		能區分元音和輔音	
約6個月		對自己的名字作出回應	嬰兒開始跟隨照顧者的目光，並開始將他們聽到的單詞與所看到的物體聯繫起來
6～8個月	牙牙學語，如「ba ba」、「ga ga」（真音節）	理解一些關於物體或人的常用詞	
9～10個月	音調加上更多的輔音，例如「ma ma」、「da da」（但不是單詞）		開始理解「指向」
10～11個月	真正意義上開始說第一個字		
10～12個月		10～12個月 可以理解一些簡單的指示，例如「把球給我」	10～12個月 腦的左半球開始主要負責語言

雙語者的腦

　　在雙語者的腦中，兩種語言相互「競爭」，這為人們提供了忽視無關信息的無意識實踐。研究表明，雙語者在這方面表現得比單語者更好。通常在四歲左右就會喪失像學習母語那樣學習第二語言的能力，尤其是在發音方面。研究顯示，老年雙語者大腦中的白質保存得更好，這有助於保護他們免受認知能力下降的影響。

老年雙語者腦中的白質保存完好

腦右半球

灰質的活化區域

腦左半球

雙語區
當講雙語的人在兩種語言之間切換時，灰質區域（上圖藍色部分）被激活。

酒精和語言

一項針對第二語言學習者的研究，着眼於酒精是否能通過降低自我意識來改善口語和發音。結果發現，酒精可在一定程度上起作用，但喝了太多酒後，受試者的表現會迅速惡化。

Bonjour, Ça va?

Bhlees chidevssss

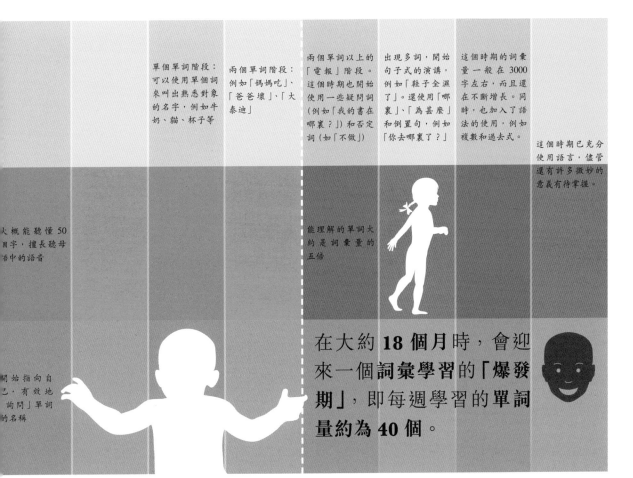

大概能聽懂 50 個字，擅長聽母語中的語音

開始指向自己，有效地「詢問」單詞的名稱

單個單詞階段：可以使用單個詞來叫出熟悉對象的名字，例如牛奶、貓、杯子等

兩個單詞階段：例如「媽媽吃」、「爸爸壞」、「大泰迪」

兩個單詞以上的「電報」階段。這個時期也開始使用一些疑問詞（例如「我的書在哪裏？」）和否定詞（如「不做」）

出現多詞，開始句子式的演講，例如「鞋子全濕了」。還使用「哪裏」、「為甚麼」和倒置句，例如「你去哪裏了？」

這個時期的詞彙量一般在 3000 字左右，而且還在不斷增長。同時，也加入了語法的使用，例如複數和過去式。

這個時期已充分使用語言，儘管還有許多微妙的意義有待掌握。

能理解的單詞大約是詞彙量的五倍

在大約 18 個月時，會迎來一個詞彙學習的「爆發期」，即每週學習的單詞量約為 40 個。

| 約 12 個月 | 從 12 個月開始 | 12～18 個月 | 18 個月 | 2 歲 | 2～2.5 歲 | 3 歲以上 | 5 歲 |

與語言相關的區域

與其他物種不同，人類的腦有專門的語言區域，這個區域通常位於腦的左半球。人類使用語言交流的獨特能力被認為是其進化上的優勢。

布羅卡區和韋尼克區

人腦中有兩個主要的語言區，分別為布羅卡區和韋尼克區。布羅卡區與動嘴發聲有關，在學習新語言時，當我們說母語和非母語時，布羅卡區中的特殊區域被激活。而韋尼克區負責理解我們聽到或讀到的單詞，並在說話時選擇它們來發聲。這一區域受損會導致人們說話的方式變得奇怪，說出的句子毫無意義。

運動皮層

運動皮層有助於執行產生語言所需的運動，例如，動舌頭、嘴唇和下巴。當你聽到或說出語義上與身體的某部位相關的單詞時，運動皮層就會被激活。例如，「跳舞」這個單詞可能與腳有關。

語音像聲波一樣在空氣中傳播

腦損傷和語言的改變

在一些病例中，腦損傷患者醒來時似乎能說出不同的語言或口音。外國口音綜合症就是這種疾病的一個例子。這些病例非常罕見，而且還沒有足夠的科學研究來詳細了解它們。

你好嗎？

SHWMAE　　BONJOUR
ASALAAM ALAIKUM
GUTEN TAG
PRIVET　　　OLÁ
KONNICHIWA
HOLA　　　CIAO

說話和理解語言

語言處理是一項複雜的任務。即使是簡單的問候語，例如「你好」，也需要大腦的幾個不同區域協同工作。

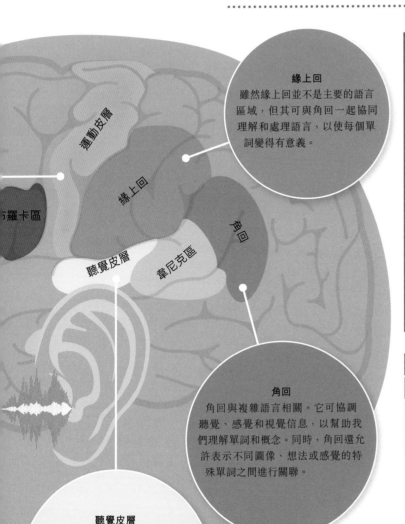

緣上回
雖然緣上回並不是主要的語言區域，但其可與角回一起協同理解和處理語言，以使每個單詞變得有意義。

運動皮層

緣上回

角回

聽覺皮層

布羅卡區

韋尼克區

角回
角回與複雜語言相關。它可協調聽覺、感覺和視覺信息，以幫助我們理解單詞和概念。同時，角回還允許表示不同圖像、想法或感覺的特殊單詞之間進行關聯。

聽覺皮層
聽覺皮層是位於腦兩側的顳葉的一部分。在人類和其他脊椎動物中，該區域處理聽覺信息，以讓人聽到。聽覺皮層分為不同的區域，人類可以聽到複雜的聲音，如一段對話中的單詞。

全世界大約有 **6500** 種不同的**語言**。

失語症

失語症是一種由於腦受損，如由於受外傷、中風或長了腫瘤，而無法理解或形成語言，無法閱讀或書寫的疾病，這種情況可輕可重。失語症有多種類型（參見下表），有些類型是根據受影響的大腦區域或產生的語言類型命名的。然而，失語症可以通過許多不同的方式影響語言、閱讀和寫作，其中一些語言障礙可能不屬於某個特定的類型或類別。

失語症的類型	
類型	症狀
完全性失語	這是失語症中最嚴重的類型，導致患者完全無法解讀、理解和形成語言。
布羅卡區失語	影響發聲，少到只能說幾個單詞，這會使患者的語言停頓或「不流暢」。
韋尼克區失語	患者無法理解單詞的意思，雖然語言的形成不受影響，但可能會使用不相關的詞，形成無意義的短語。
命名性失語	患者在說或寫的時候很難找到相應的單詞。這導致患者說出含糊不清的語言，從而產生強烈的沮喪感。
原發性進行性失語	患者的語言表達變得緩慢，並逐漸受損。這種類型的失語可能是由痴呆症等疾病引起的。
傳導性失語症	傳導性失語症是一種罕見的失語症，導致重複短語困難，尤其是當短語或句子長而複雜時。

面部表情

我們在交談中經常使用面部表情，說話者揚起眉毛來強調某一點或指出一個問題；傾聽者用面部表情來表達對所聽到的內容的興趣。一項研究調查了在談話中使用面部表情的主要原因。

不置可否　思考　強調　同情

疑問　複述　個人反應　在聽

圖例

● 說話者
● 傾聽者
● 兩者皆是

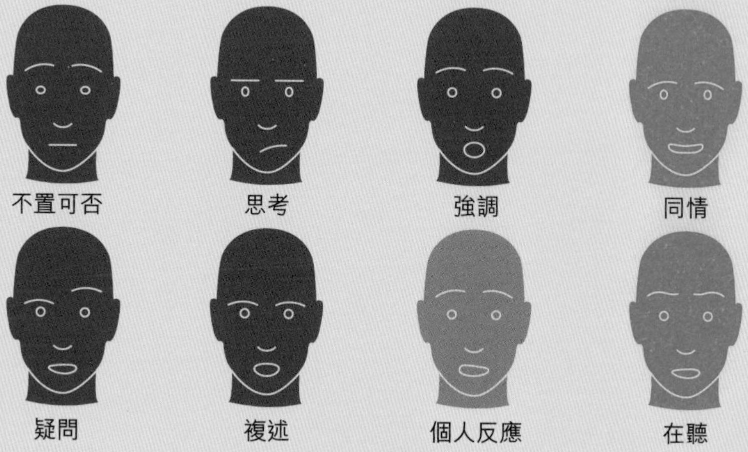

說話者

1 信息意思
談話的出發點是說話者想表達的觀點和意圖。

2 簡潔陳述
說話者選擇具有正確含義（語義）的單詞，然後採用正確的形式和順序（語法）使其有意義。例如，「你想喝一杯嗎？」是一個問題，「你想喝一杯」是一個陳述，「想你喝一杯嗎」是一派胡言。布羅卡區在這兩個過程中至關重要。

想要你
語義

你想要
句法

3 發音
為了將信息說出來，說話者通過運動皮層控制嘴、舌、脣、喉的運動，形成語調正確的語音。

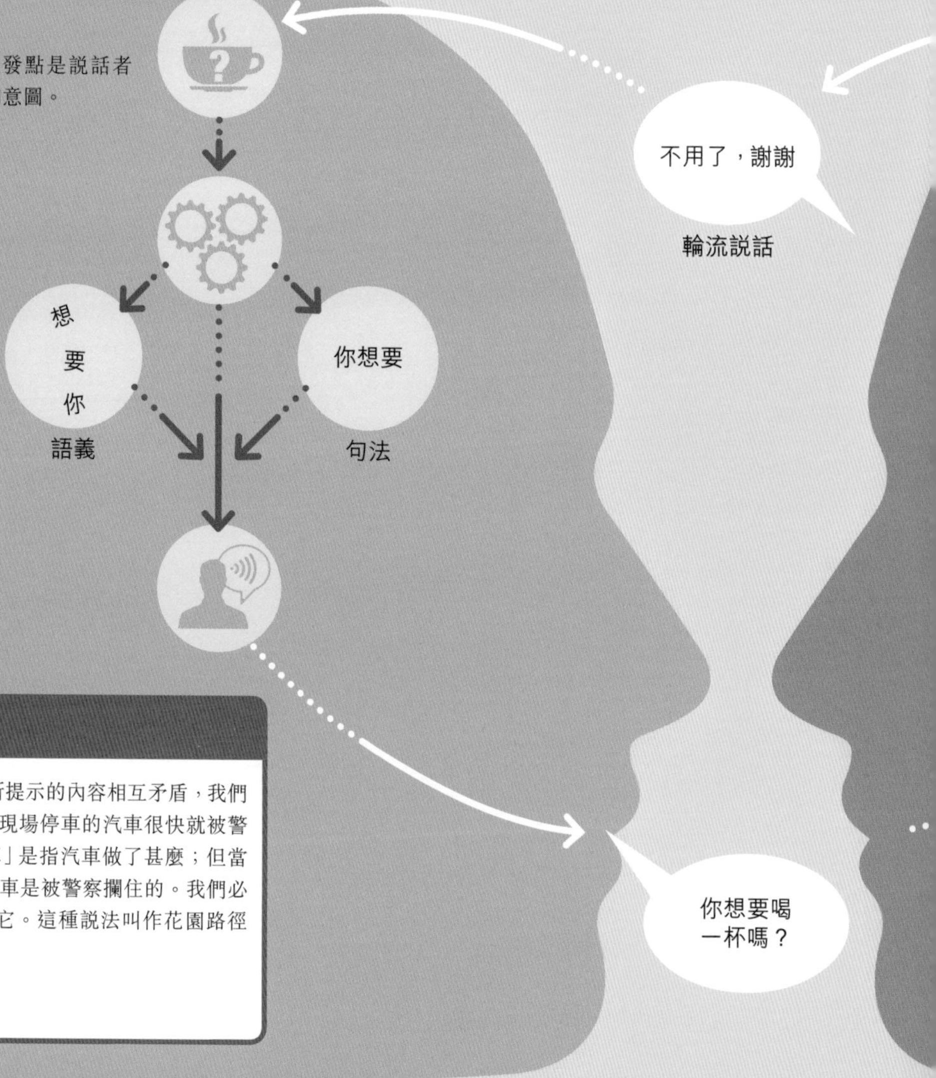

不用了，謝謝

輪流說話

花園小徑句子

如果信息的後一部分與前一部分所提示的內容相互矛盾，我們可能就會被誤導。例如：「在車禍現場停車的汽車很快就被警察包圍了。」我們最初理解「停車」是指汽車做了甚麼；但當我們聽到「很快」時，就清楚這輛車是被警察攔住的。我們必須重新審視信息的開頭才能理解它。這種說法叫作花園路徑句子。

你想要喝一杯嗎？

與人交談

交談是由説話者和傾聽者共同完成的，不僅僅是形成和理解語言。我們輪流説話，理解信息，並不斷調整想法。

語言之外的信息

我們在談話中經常使用非語言信號。除表示強調（通過面部表情）或增加視覺效果（通過手勢）以外，這種信號還允許未説話的人在對話中發揮作用，在不打斷或搶話的情況下對説話者表示鼓勵。

傾聽者

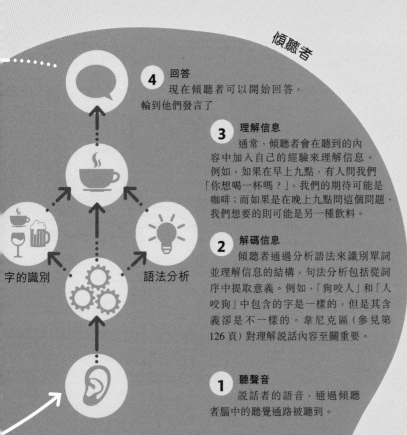

4　回答
現在傾聽者可以開始回答，輪到他們發言了

3　理解信息
通常，傾聽者會在聽到的內容中加入自己的經驗來理解信息。例如，如果在早上九點，有人問我們「你想喝一杯嗎？」，我們的期待可能是咖啡；而如果是在晚上九點問這個問題，我們想要的則可能是另一種飲料。

2　解碼信息
傾聽者通過分析語法來識別單詞並理解信息的結構，句法分析包括從詞序中提取意義。例如，「狗咬人」和「人咬狗」中包含的字是一樣的，但是其含義卻是不一樣的。韋尼克區（參見第126頁）對理解説話內容至關重要。

字的識別　　　語法分析

1　聽聲音
説話者的語音，通過傾聽者腦中的聽覺通路被聽到。

説話和傾聽

在一場對話中，説話者和傾聽者多次交換角色，説話者同時還會監測自己的語言輸出。儘管這兩個角色都涉及多個步驟，但這些步驟均發生得很快。從有想法到説出想法需要 0.25 秒，而理解語言則需要 0.5 秒。當演講者需要時間來「趕上」複雜的語言和説話過程時，就會出現遲疑。

對話的元素

觀者
傾聽者比説話者更關注談話對象。他們這樣做是為了表達興趣，因為如果傾聽者沒有興趣，説話者往往會變得遲疑。相反，説話者只會斷斷續續地看着傾聽者。

手勢
我們使用多種手勢，包括傳統的手勢（如「豎起大拇指」和用手指）及富有表現力的手勢，來強調想要傳達的信息。

「我正在聽」信號
傾聽者使用非語言的聲音和手勢，例如説「嗯」或點頭，以表示他們在不説話的情況下參與了對話。

輪流説話
一場對話需要説話者和傾聽者輪流交換角色，我們從嬰兒時期就開始學習這一點。對話的雙方很少搶話，雖然角色交換的平均時間間隔僅有十分之幾秒。

在對話中，人們**搶話的時間不超過整場**對話的 **5%**。

學習閱讀和寫作

　　讀寫能力是大多數人從小就開始學習的東西。隨着腦的發育，我們學會了重要的閱讀和寫作技能。到成年時，我們平均每分鐘能閱讀200個字。閱讀需要腦和身體的幾個區域協同工作。例如，當你閱讀時，眼睛需要識別一頁紙上的單詞，然後腦負責處理這個單詞所表示的內容。寫作涉及腦的語言區（參見第 126 ～ 127 頁）、視覺區和運動區，並通過它們做出必要的手部動作。

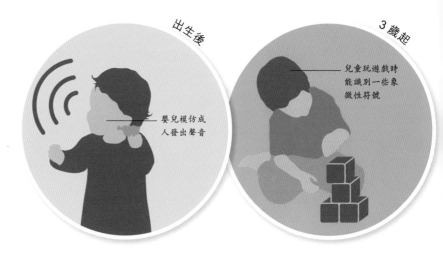

出生後

嬰兒模仿成人發出聲音

3 歲起

兒童玩遊戲時能識別一些象徵性符號

1　發出聲音

　　嬰兒模仿成人發出聲音，但他們的聲音往往不能被識別為文字。這是學習發展語言技能的基礎，嬰兒利用其視覺皮層和其他區域來觀察和處理面部表情。然後他們學會將聲音、面部表情與世界上的事物聯繫起來。

2　識別符號

　　孩子們開始理解符號在文本中的含義。他們利用其視覺皮層和記憶將看到的符號轉換成聲音。隨着孩子們的成長，他們把這些聲音和單詞的意思聯繫起來，也開始把語言和書本文字聯繫起來。

閱讀和寫作

　　語言是腦固有的技能，但是讀寫能力並非天生的。我們必須在嬰兒時期就訓練腦來發展這些複雜的技能。

甚麼原因導致讀寫障礙？

研究表明，讀寫障礙的兒童在理解字母所代表的聲音方面有困難，但在一些以符號，而不是以聲音代表想法的文化中，也發現了讀寫障礙的病例。

讀寫障礙

讀寫障礙是指不具備清晰寫作的能力，可能是影響精細運動技能的某些腦部疾病，例如帕金遜病的症狀。這類患者的書寫可能搖擺不定、模糊或完全混亂。

tHisIsaS eNT EncEwriT

TtENbY sOMEonEwItHdYsGRapHiA

快速閱讀者
每分鐘能讀
700 字以上。

5 歲起

對着孩子讀書可幫助他們將聲音與文本聯繫起來

11 歲起

由於精細運動的能力不斷發展，寫作變得越來越流暢

13 歲起

我們在屏幕上閱讀及在鍵盤上打字越來越頻繁

3 開始閱讀

大聲朗讀可以提高孩子的閱讀能力。聽故事會激活聽覺皮層來聽單詞，然後由額葉處理這些聽到的單詞。繪本幫助孩子們練習將單詞和圖像聯繫起來，而閱讀可幫助他們積累詞彙和提高理解能力。

4 詞彙量的擴大

隨着年齡的增長，我們對周圍的世界有了更多的體驗，學習和看到了新的事物，詞彙量也不斷增加。閱讀理解需要所有的腦葉和小腦共同協作，才能成功地理解和使用語言。

5 繼續學習

作為成人，我們繼續學習和訓練閱讀和寫作技能，詞彙量不斷擴大。學會讀和寫只是一個開始。語言能力的保持需要整個腦的參與，健全的大腦對閱讀和寫作至關重要。

讀寫障礙

有多種讀寫障礙，出現這種障礙時，人們的讀、寫能力或讀寫的能力都受到一定影響。有人認為，多達五分之一的人存在讀寫障礙。但對於讀寫障礙的原因，目前還沒有一個完整的神經學解釋。研究表明，在讀寫障礙患者腦中的特定區域出現功能異常（見右圖）。由於讀寫障礙的兒童通常閱讀能力也不好，因此很難確定究竟是發育中的腦異常導致了讀寫障礙，還是讀寫障礙本身對發育中的腦有影響。

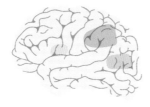

閱讀時非讀寫障礙的腦

布羅卡區有助於形成和表達語言，頂顳葉皮層負責分析和理解生詞。枕顳區負責形成單詞，幫助理解、拼寫和發音。

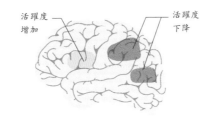

活躍度增加

活躍度下降

閱讀時有讀寫障礙的腦

布羅卡區被激活以形成和表達語言，但頂顳區和枕顳區不太活躍。布羅卡區可能被過度激活，以彌補其他區域刺激的缺乏。

圖例

● 頂顳區
● 枕顳區
● 額下回（布羅卡區）

字母原則

字母原則是指當單個字母或字母組被大聲説出時，均代表了聲音。字母原則有兩部分：

理解字母

單詞是由字母組成的，大聲説出這些字母時，字母代表了發出的聲音。

語音記錄

了解書面單詞中的字母串如何組合成發音，從而學會拼寫和讀音。

記憶、學習和思考

記憶是甚麼

記憶令我們能夠從經驗中學習，並塑造了我們每一個個體。記憶不是單一、離散的腦功能。記憶有幾種類型，涉及不同的腦區域和處理過程。

腦中的記憶

記憶既包括意識不到的本能過程，又包括明顯意識到的部分，這些部分讓你記住昨天午餐吃了甚麼或餐廳老闆叫甚麼名字。每種類型的記憶都會啟用一系列不同的腦區域。科學家們過去認為海馬體對所有新記憶的形成至關重要，但現在人們認為這種說法只適用於情節記憶，其他類型的記憶則涉及其他腦區域，而這些區域遍佈整個大腦。

記憶的類型

為了更好地理解記憶是如何工作的，科學家們將記憶分為多種類型。其中許多類型分別依賴於大腦內部的不同網絡，同時每一類記憶所涉及的腦區域之間也有很多重疊。

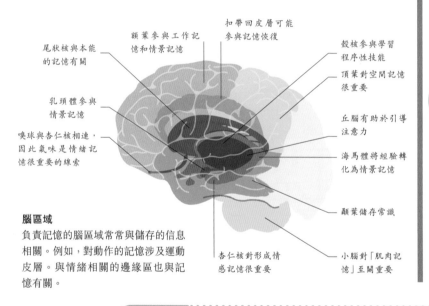

扣帶回皮層可能參與記憶恢復

額葉參與工作記憶和情景記憶

尾狀核與本能的記憶有關

乳頭體參與情景記憶

嗅球與杏仁核相連，因此氣味是情緒記憶很重要的線索

殼核參與學習程序性技能

頂葉對空間記憶很重要

丘腦有助於引導注意力

海馬體將經驗轉化為情景記憶

顳葉儲存常識

小腦對「肌肉記憶」至關重要

杏仁核對形成情感記憶很重要

腦區域
負責記憶的腦區域常常與儲存的信息相關。例如，對動作的記憶涉及運動皮層。與情緒相關的邊緣區也與記憶有關。

短期記憶
短期記憶的數量十分有限，僅能儲存約 5～9 個記憶項目，但這個數字因人而異，也因所儲存的信息類型而異。為了在短期記憶中記住某個東西，我們常常需要重複唸那個東西，但是，一旦我們的注意力被擾亂了，則立刻就忘了。

非相關性學習
當你被重複地曝露於相同的刺激時，例如一種光線、聲音或是感覺，你對之產生的回應會發生改變。比如，當你回到家，聞到了晚飯的味道，但這種味道會逐漸地淡化。這個過程被稱作適應，是一種非相關性形式的學習。

簡單經典條件記憶
條件記憶因俄羅斯生理學家伊萬·巴甫洛夫和他的狗而聞名，在經典條件反射中，一些中性的東西與某種反應聯繫在一起。例如，當你走進一個電影院的大廳，並開始流口水，是因為你將這種環境與爆谷聯繫起來了。

啟動效應和知覺學習
啟動效應實驗中，在你面前以快速展示一個單詞或一張圖片，這個速度快到你幾乎無法真正「看清」它，但是它仍然可以影響你的行為。例如，當一個人首先看了「狗」這個單詞，他（她）隨後對於「貓」這個單詞的識別速度會快過另一個完全不相干的單詞，例如「水龍頭」的識別速度。

記憶系統

記憶可分為兩種主要的類型：短期記憶和長期記憶。短期記憶是轉瞬即逝的，但一些重要的信息可能轉變為長期記憶儲存在腦中。長期記憶則可能持續終生，並且可進一步分為幾種不同的類型。

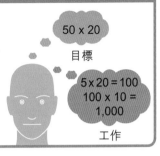

工作記憶

要計算 50 乘以 20（諸如此類），你必須對短期記憶中儲存的數字進行操作。這將使用一個稱為工作記憶的過程。工作記憶能力是幼兒學習成績的最佳預測因素之一。

50 x 20

目標

5 x 20 = 100
100 x 10 = 1,000

工作

長期記憶

理論上來說，長期記憶允許我們儲存一生中大部分時間裏幾乎無限的記憶。在腦的外層，也就是大腦皮層的整個範圍內，長期記憶作為分散的神經元網絡被儲存起來，喚醒這些記憶則會使該網絡重新「點燃」。

非陳述性記憶（隱含的）

非陳述性的記憶是無意識的，因此不能通過語言傳遞給別人。例如，你可以試圖向別人解釋如何綁鞋帶或騎單車，但當他們第一次自己綁鞋帶或騎單車時，很可能會失敗或摔倒。

陳述性記憶（外顯的）

陳述性記憶可以通過語言傳遞給別人。陳述性記憶是有意識的，有時可以通過重複和努力來習得。但還有一些記憶是在無意識的狀態下被儲存的，這些記憶包括一些曾在你生命中發生的事件（情節）和事實（語義）。

程序性記憶

一些技能或能力，例如騎單車或跳舞，被稱為程序性記憶。初次學習時，需要專注和有意識的努力，但隨着時間的流逝，它們就會變成一種習慣。程序性記憶常常被稱為肌肉記憶，其內容實際上儲存於涉及小腦的網絡系統中。

情景記憶

當你回想起 18 歲生日這樣一個重大事件或是昨天的早餐這樣一個平凡事件時，都屬於情景記憶。情景記憶的內容是你所記得的實實在在發生過的事情，而回憶這些事情則好像是在重新經歷這些事情。海馬體對於儲存新的情景記憶至關重要。

語義記憶

語義記憶是事實性的，也就是說，這些內容是你知道的，而不是你記住的。例如，當你回憶法國的首都或是圓周率的前三個數字時。語義記憶依賴腦區域中很大一部分網絡，但可能完全不涉及海馬體。

記憶是怎麼形成的

當腦中的神經元網絡被反覆激活時，神經元細胞的變化加強了它們之間的聯繫，使每一個神經元更容易激活下一個神經元（參見第 26 ～ 27 頁）。這個過程被稱為長時程增強作用。

增強聯繫

當你反覆激活一組神經元，比如通過練習一項技能或複習學過的知識，這些神經元就會發生改變。這就是我們形成長期記憶的過程，這個過程取決於腦細胞中發生的各種機制。第一個（突觸前）神經元在信號到達時釋放更多的神經遞質，而第二個神經元將更多的受體插入細胞膜，這樣便加快了突觸的傳遞。比如開車這樣的事情，在你剛開始學習的時候看起來很複雜，但當所涉及的神經通路變得更有效時，開車就顯得不費吹灰之力了。如果這種成對的激活重複的次數足夠多，就會生長出新樹突，通過新的突觸連接兩個神經元，為信息傳遞提供替代路徑，幫助它們更快地傳播。

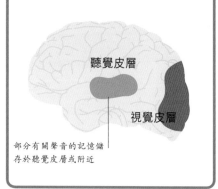

記憶的痕跡

科學家最近已經能夠在人腦中精確地找到記憶的痕跡。一般來說，記憶往往儲存在腦中與記憶形成方式有關的區域附近。例如，聲音的記憶位於語言中樞附近，而你所看到的東西至少部分儲存在視覺皮層附近。

聽覺皮層

視覺皮層

部分有關聲音的記憶儲存於聽覺皮層或附近

目前已經發現 100 多種不同的神經遞質。

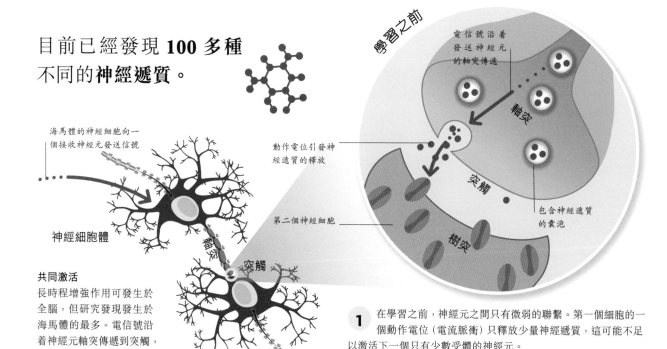

海馬體的神經細胞向一個接收神經元發送信號

神經細胞體

共同激活
長時程增強作用可發生於全腦，但研究發現發生於海馬體的最多。電信號沿着神經元軸突傳遞到突觸，並在該處釋放化學遞質。

軸突

突觸

動作電位引發神經遞質的釋放

第二個神經細胞

學習之前

電信號沿着發送神經元的軸突傳遞

軸突

突觸

包含神經遞質的囊泡

樹突

1 在學習之前，神經元之間只有微弱的聯繫。第一個細胞的一個動作電位（電流脈衝）只釋放少量神經遞質，這可能不足以激活下一個只有少數受體的神經元。

情緒性記憶

　　當發生強烈的情緒變化時，不管是好還是壞，都會引起腎上腺素和去甲腎上腺素等應激性化學物質的釋放。這使得即便重複次數再少，長時程增強作用也很容易發生。這就解釋了為甚麼由情緒激發的記憶在腦中儲存得更快，以及為甚麼它們比非情緒性記憶更容易回憶。

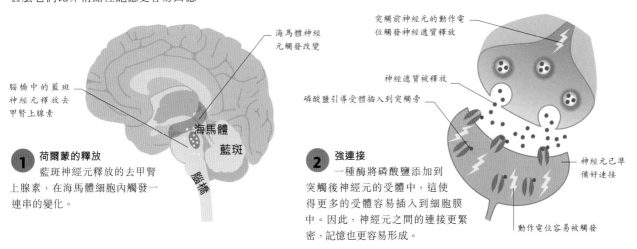

圖例
● 神經遞質
● 磷酸鹽

海馬體神經元觸發改變

腦橋中的藍斑神經元釋放去甲腎上腺素

海馬體
藍斑
腦橋

1 荷爾蒙的釋放
　　藍斑神經元釋放的去甲腎上腺素，在海馬體細胞內觸發一連串的變化。

突觸前神經元的動作電位觸發神經遞質釋放

神經遞質被釋放

磷酸鹽引導受體插入到突觸旁

神經元已準備好連接

動作電位容易被觸發

2 強連接
　　一種酶將磷酸鹽添加到突觸後神經元的受體中，這使得更多的受體容易插入到細胞膜中。因此，神經元之間的連接更緊密，記憶也更容易形成。

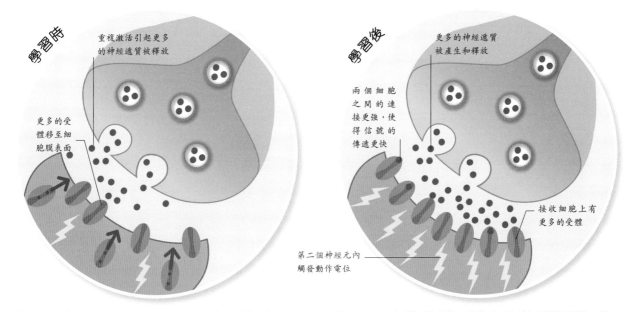

學習時

重複激活引起更多的神經遞質被釋放

更多的受體移至細胞膜表面

學習後

更多的神經遞質被產生和釋放

兩個細胞之間的連接更強，使得信號的傳遞更快

第二個神經元內觸發動作電位

接收細胞上有更多的受體

2 兩個神經元在同一時間重複放電，在第二個神經細胞內引起化學級聯反應，使其對神經遞質更敏感，並導致額外的受體遷移到突觸邊緣。信號傳回第一個細胞，「告訴」它產生更多的神經遞質。

3 現在，一個單一的動作電位導致更多神經遞質的釋放，將信息快速有效地傳遞到突觸上，在那裏與許多受體相結合。這使得第二個神經元更容易被激活，從而向前發送電信號。

記憶的儲存

經過海馬體編碼後，記憶被鞏固並轉移到大腦皮層進行長期儲存。這些記憶是通過一種稱為長時程增強作用的連接形成的（參見第 136 ～ 137 頁）。

在皮層中儲存

為了長期儲存記憶，海馬體反覆激活皮層的連接網絡，每次激活都會加強連接，直到它們足夠安全地儲存記憶。有人認為記憶首先在海馬體形成，隨後皮層記憶痕跡形成，但最近在老鼠身上的研究表明，海馬體記憶和皮層記憶可能同時形成，儘管皮層記憶最初是不穩定的。網絡的反覆激活使皮層記憶以某種方式「成熟」，這意味着我們可以使用這些記憶了。

為甚麼我會忘記把鑰匙放哪兒了？

很多時候，我們「忘記」的事情一開始並沒有作為記憶被儲存在腦中，因為當我們做這些事情的時候，並沒有留意它們。

皮層

顳葉皮層

記憶庫

記憶作為連接網絡儲存在大腦皮層。大腦皮層的神經元數量非常多，創造了近乎無限的可能組合。因此，理論上來講，長期記憶實際上是無限的。

記憶鞏固

這種被稱為記憶鞏固的儲存過程主要發生在睡覺的時候。在這段時間，腦不會處理來自外部世界的信息，所以它可以執行這些「內務」。在這個過程中，記憶被分類、排序、提取要點。這些記憶還與已經儲存的舊記憶聯繫在一起，使得在未來檢索重要記憶時變得更容易。研究表明，學習新事物後小睡比繼續學習要好！

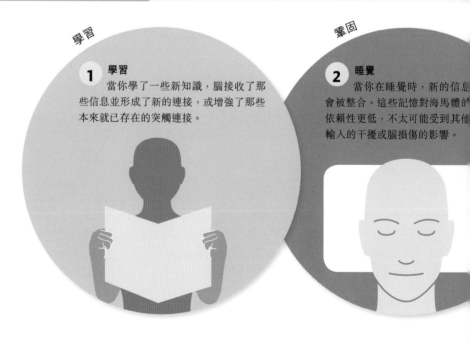

學習

1 學習
當你學了一些新知識，腦接收了那些信息並形成了新的連接，或增強了那些本來就已存在的突觸連接。

鞏固

2 睡覺
當你在睡覺時，新的信息會被整合。這些記憶對海馬體的依賴性更低，不太可能受到其他輸入的干擾或腦損傷的影響。

2 儲存於皮層的記憶
大腦皮層的網絡中儲存着對最近發生的事情的記憶，不同類型的記憶可能儲存在不同的區域中。

某種神經元的組合反覆激活以鞏固記憶

記憶痕跡

體感皮層

聽覺皮層

海馬體

視覺皮層

突觸加強，將記憶儲存為痕跡

1 海馬體編碼的記憶
我們的經歷是由海馬體記錄的，其中那些注定要成為記憶的是在海馬體編碼的。長時程增強作用可改變海馬體神經元之間的連接，從而產生記憶。海馬體對形成新的記憶至關重要。

海馬體受損可能無法形成新的**長期記憶**。

恢復

3 回憶
當你睡醒後，前一天所學到知識的記憶已被安全地儲存。這些記憶也與其他事實建立了連接，使之更容易被喚起。同時，你發現自己對其深層的概念理解得更加清晰。

熟能生巧

如果某個知識你只學習了一次，那麼隨着時間的推移，它的記憶痕跡會隨着連接的減弱而消失。但如果你練習或修改的次數越多，神經元之間的聯繫就越強，將來你就越有可能記住它。

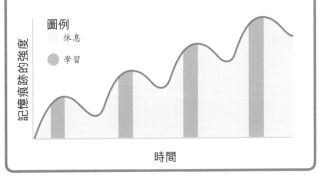

圖例
休息
學習

記憶痕跡的強度

時間

記憶的喚起

　　喚起記憶不如我們過去認為，就像在手機上回放錄音一樣的被動過程。相反，我們的大腦從儲存的信息中積極重建我們的經驗。這就帶來了犯錯的可能，意味着我們的記憶會隨着時間而改變。

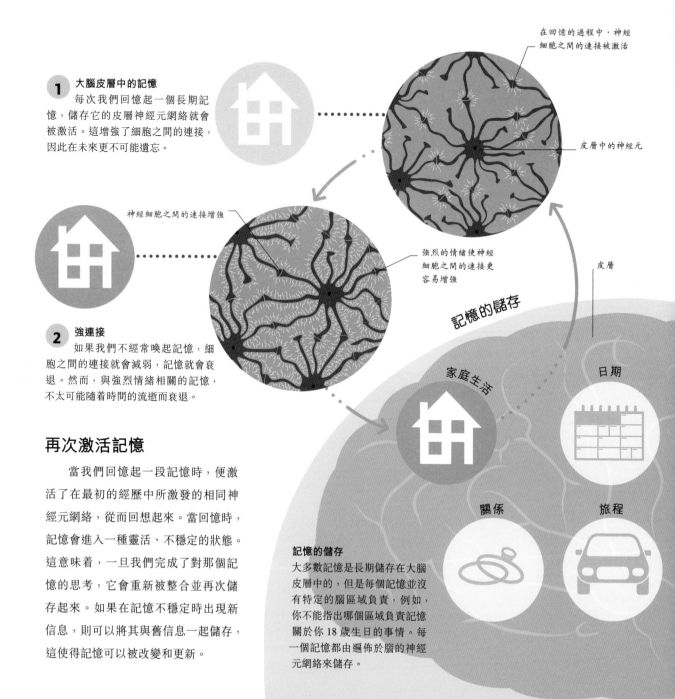

在回憶的過程中，神經細胞之間的連接被激活

1　大腦皮層中的記憶
　　每次我們回憶起一個長期記憶，儲存它的皮層神經元網絡就會被激活。這增強了細胞之間的連接，因此在未來更不可能遺忘。

皮層中的神經元

神經細胞之間的連接增強

強烈的情緒使神經細胞之間的連接更容易增強

皮層

記憶的儲存

2　強連接
　　如果我們不經常喚起記憶，細胞之間的連接就會減弱，記憶就會衰退。然而，與強烈情緒相關的記憶，不太可能隨着時間的流逝而衰退。

家庭生活

日期

關係

旅程

再次激活記憶

　　當我們回憶起一段記憶時，便激活了在最初的經歷中所激發的相同神經元網絡，從而回想起來。當回憶時，記憶會進入一種靈活、不穩定的狀態。這意味着，一旦我們完成了對那個記憶的思考，它會重新被整合並再次儲存起來。如果在記憶不穩定時出現新信息，則可以將其與舊信息一起儲存，這使得記憶可以被改變和更新。

記憶的儲存
大多數記憶是長期儲存在大腦皮層中的，但是每個記憶並沒有特定的腦區域負責，例如，你不能指出哪個區域負責記憶關於你 18 歲生日的事情。每一個記憶都由遍佈於腦的神經元網絡來儲存。

虛假記憶

當一個記憶被重新整合時，新的信息和舊的信息就會一起被儲存。但是當我們下一次回憶起該記憶時，就不可能分辨出哪個是新記憶，哪個是舊記憶。這意味着我們最終可能出現錯誤的記憶。僅僅談論這個事件本身就可以改變我們對它的記憶，因此，在法律案件中，必須小心地詢問證人，以避免干擾他們的記憶。

甚麼是似曾相識？

當我們在一個環境中認識某個東西，但卻記不起它是甚麼的時候，就會出現似曾相識的感覺，這種感覺給人一種模糊的熟悉感。

假期

生日

1 真實的記憶
科學家讓受試者觀看車禍片段。每次觀看後，他們都必須描述發生的事情並回答問題，這意味着受試者在回憶和重新激活記憶。

2 新的信息
一些受試者被問到，當兩車「相接觸」時的車速，而另一些受試者則被問到當兩車「撞碎」時的車速。與第二組受試者相比，在第一組受試者的回答中，車速更低。

再過一段時間

新的信息與舊的信息一起儲存

3 喚起錯誤的記憶
一週後，受試者再次回憶短片，並被問到短片中是否有碎玻璃的存在（答案是沒有）。結果發現，「撞碎」組中，更多的受試者「記得」碎玻璃的存在。該研究表明，問卷中選擇不同的詞彙改變了他們對這件事的記憶。

回憶與識別

當我們看到一個熟悉的東西時，在沒有任何信息輸入的情況下，識別它比回憶關於它的詳細信息要簡單得多。例如，我們都知道一個硬幣是甚麼樣子的，但你可以通過記憶來畫一個嗎？

如何改善記憶力

　　研究表明，當我們理解了學習和記憶，就可以找到方法來加強這些過程，幫助我們改善記憶力。事實上，一些最古老的方法，如記憶宮殿法，恰恰就是最好的方法。

　　通常，對於我們「忘掉」的事情，我們在最開始的時候並沒有妥善地儲存它們。為了避免遺忘，我們必須更深入地處理信息，專注於我們正在學習的事物，去思考並且觀察它們如何與已經知道的事情聯繫起來。

　　一旦將記憶儲存起來，就需要通過練習或重複以保證其被儲存在相關部位，不會消失。我們越經常地激活連在一起的神經元，它們之間的連接就變得越強，我們未來也更有可能記得它們。此外，重複的時間間隔也是很重要的，例如，每天複習 10 分鐘，連續複習 6 天，比在一天內複習 1 個小時的效果更好。

線索和休息的力量

　　我們可以使用一些方法來幫助回憶信息，這些方法多數依賴線索。線索可以是內在的，比如提供一個項目清單的第一個字母，以提醒我們對這些項目本身的記憶。也有一些線索是外在的，比如小蒼蘭的香味可將我們的記憶帶回到婚禮那天。記憶宮殿法則採用關聯和刺激，幫助我們有序地記起一長串信息。

　　而改善記憶最重要的事可能就是保證充足的睡眠了。如果我們比較疲倦，那麼專注力和注意力就會受到影響，學習的時候，大腦也不在狀態。同時，在學習後，睡眠對於記憶的鞏固、分類和儲存也是至關重要的。

　　以下是對增強記憶力的方法的快速小結：

- 深入地處理信息。
- 有規律地重複它。
- 使用一些線索和關聯。
- 保持充足的睡眠。

使用記憶宮殿法
想像你正走過一個熟悉的地方，比如你的房子。在策略上，將你希望記住的單詞有關的對象視覺化，例如在購物清單上的物品。為了記住這個清單，僅需要再簡單地「走」一遍這條路，而這個物品就充當了記憶的線索。

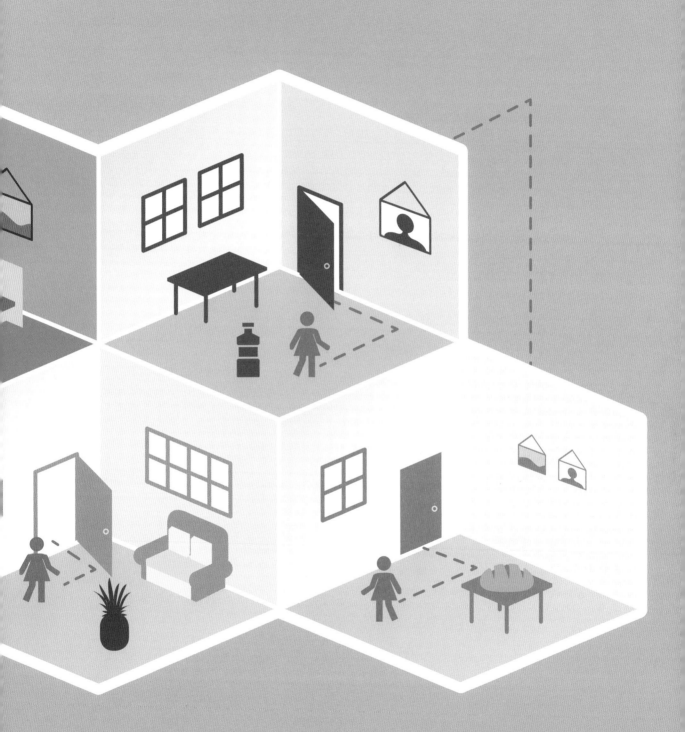

我們為甚麼會遺忘

有很多理論可以解釋我們為甚麼會忘記事情。一些科學家認為，所有的記憶都留在腦中，但有時我們失去了獲取它們的能力。此外，我們的記憶也可能相互干擾。

腦中的遺忘

有很多情況會導致遺忘（參見第146～147頁）。一般來說，當出現遺忘的時候，腦中可能有兩種情況發生。最簡單的說法是，隨着時間的推移，記憶逐漸消失：當最初形成的痕跡不復存在時，信息就消失了。但這方面的證據很難找到，因為也可能涉及其他因素。我們中的大多數人都經歷過這樣一種情況，那就是一些曾經怎麼也想不起來的信息，後來卻毫無理由地突然出現在自己的腦海中。這意味着記憶仍然存在，但當時卻無法獲取。這可能是因為其他類似的記憶正在干擾它們，或者是環境中沒有提示這種回憶的線索。但究竟是記憶中的神經細胞連接消失，還是它們仍然存在只是我們無法查閱，還尚無定論。

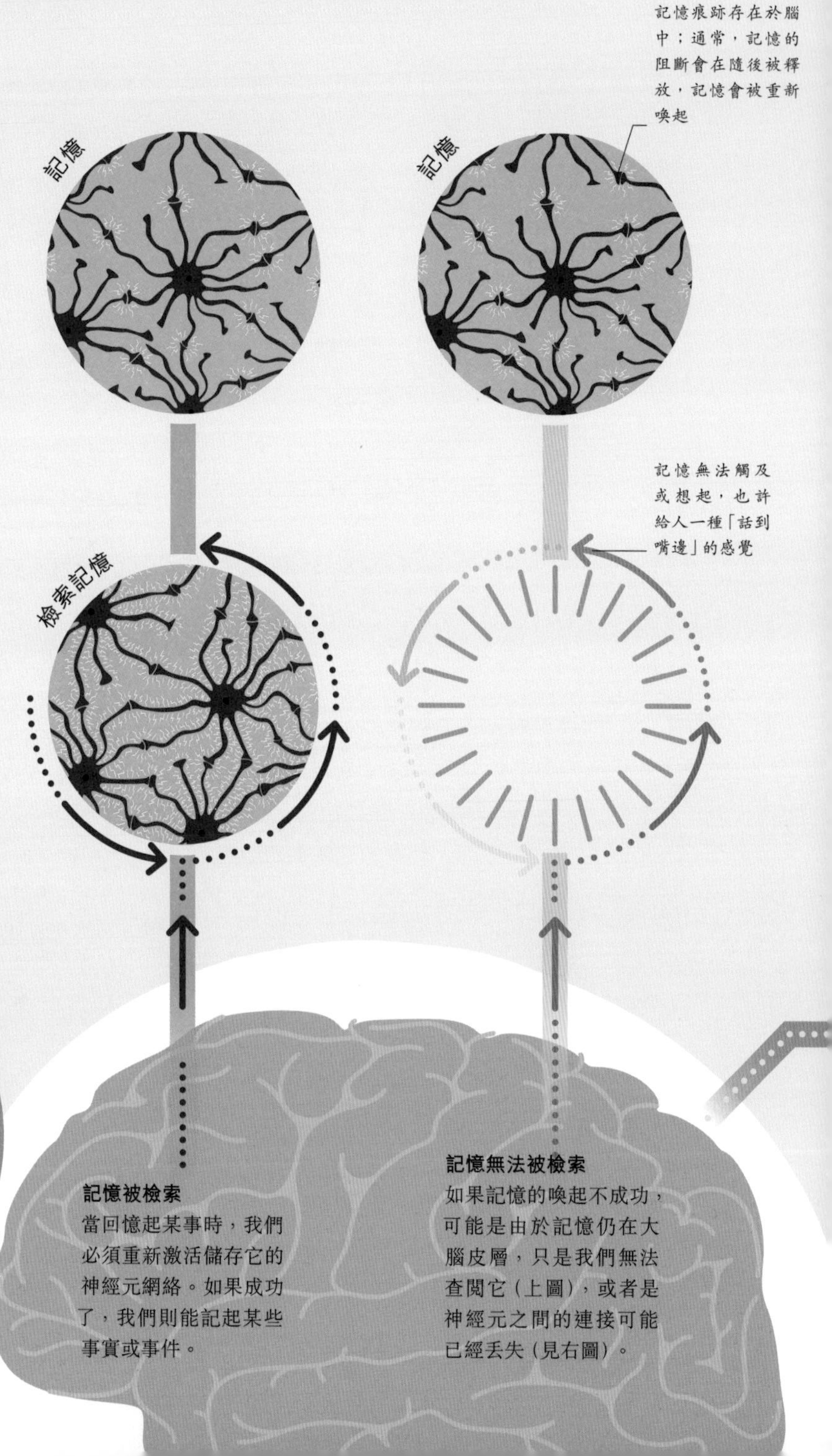

記憶痕跡存在於大腦中；通常，記憶的阻斷會在隨後被釋放，記憶會被重新喚起

記憶

記憶

檢索記憶

記憶無法觸及或想起，也許給人一種「話到嘴邊」的感覺

為甚麼會忘記到樓上的原因？

離開房間會改變記憶中的環境線索，當回到原來的地方時，記憶常常重新被激活。

記憶被檢索
當回憶起某事時，我們必須重新激活儲存它的神經元網絡。如果成功了，我們則能記起某些事實或事件。

記憶無法被檢索
如果記憶的喚起不成功，可能是由於記憶仍在大腦皮層，只是我們無法查閱它（上圖），或者是神經元之間的連接可能已經丟失（見右圖）。

記憶的干擾

　　我們的腦會受到干擾，特別是在信息相似的情況下。學習新的信息會阻礙對舊信息的回憶，而舊的信息也會影響新信息。當喚起信息時，如果錯誤的記憶痕跡被激活，而正確記憶痕跡的激活被阻斷，就出現了記憶的干擾。或者，舊的信息可能破壞新信息的鞏固；如果成功的話，新的記憶實際上可能取代舊的記憶。

主動干擾

舊的記憶可能會干擾新的記憶。例如，當你開始學習西班牙語時，你在孩童時期學會的法語單詞可能對你造成干擾。

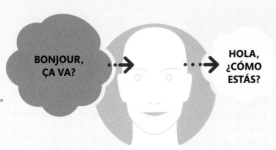

反向干擾

如果你後來說法語，而不是西班牙語，那新的記憶有可能會干擾舊記憶的喚起。

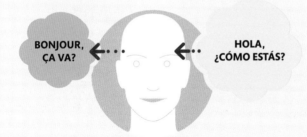

主動遺忘

遺忘似乎是被動的，但你可以選擇遺忘。在一項研究中，當受試者被要求忘記某個特定的單詞時，他們的前額葉皮層（參與抑制）被激活。

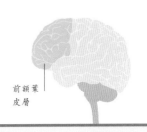

前額葉皮層

我們**不太能回憶**起在**網**上很容易找到的信息，這就是**谷歌效應**。

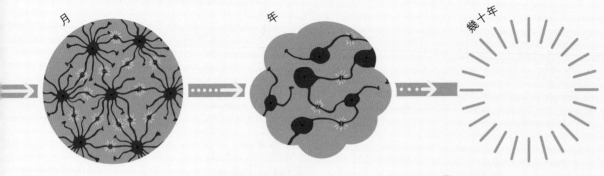

月　　年　　幾十年

1 儲存

　　長期記憶作為連接網絡儲存在大腦皮層。這些連接網絡在幾個星期或幾個月內形成並加強。回憶一段記憶會激活這些連接網絡，並加強突觸連接，使記憶更容易在以後被喚起。

2 記憶逐漸消失

　　如果數月或數年之後才去喚起一段記憶，它可能已開始消失。如果不重新激活，神經細胞之間的連接就不會加強。而關於具體事件的某些具體細節，比如你在婚禮上吃了甚麼食物，可能會被遺忘。

3 記憶丟失

　　有關遺忘的一個理論是，沒有使用的突觸會變弱，最終會消失，隨之記憶也消失了。記憶處於非活動狀態的時間越長，丟失的可能性就越大。

記憶問題

記憶問題會隨着年齡的增長而增多，80 歲以上的人中有六分之一會患痴呆症。有時腦損傷、壓力或其他因素也會導致我們失憶。

失憶症

如果有人遭受腦損傷，以致海馬體及其周圍區域受損，就會導致失憶症。失憶症共有兩種類型，取決於患者是忘記了他們在事件發生前儲存的記憶（逆行性失憶）還是無法形成新的記憶（順行性失憶）。也有一些失憶症沒有任何明顯的腦損傷跡象，例如，在經歷心理創傷後。藥物和酒精會導致暫時性失憶，但如果長期大量使用這些物質，失憶就會變成永久性的。此外，也有可能同時出現順行性失憶和逆行性失憶，尤其是當海馬體有明顯損傷時。這種情況被稱為完全性失憶。

逆行性失憶

人們常常忘記事故發生前的瞬間，也可能會丟失幾週，甚至幾年的記憶。有些記憶，特別是很早以前的記憶，會慢慢恢復。

順行性失憶

順行性失憶症患者無法形成新的記憶。他們記得他們是誰，並保留了傷害發生前的記憶。

短暫性完全性失憶

這是一次突然的失憶，通常只持續幾個小時。患者沒有其他症狀或明顯原因。

幼年經驗失憶症

幼年經驗失憶症是指人們通常無法喚起對 2～4 歲發生的情況或事件的記憶。

分離性失憶症

分離性失憶症可能是由壓力或心理創傷引起的。患者忘記了創傷前後幾天或幾週的事情。或者，在罕見的「神遊狀態」中，忘記了自己是誰。

衰老與記憶

隨着年齡的增長，記憶衰退和學習新事物更加困難是很常見的。你會更難以集中注意力和忽略干擾，也會更經常地忘記一些日常的事情，比如你為甚麼又走到樓上。這些不同於痴呆症，痴呆症包括在家中迷路或忘記伴侶的名字。

當人們到了 **80 多歲**時，可能已經失去了多達 **20%** 的**海馬體神經連接**。

1　失去對記憶的信任

老年人常常開始懷疑自己的記憶，把正常的記憶減退視為能力衰退的標誌。這會使他們減少對記憶的依賴。

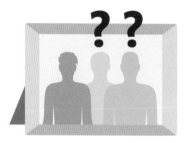

2　更少地使用記憶

腦的能力就像肌肉，隨着使用而增強。把事情寫下來或依靠查閱，而不去鍛鍊你的記憶力，往往會使情況變得更糟。

3　記憶力越來越差

不鍛鍊記憶力會導致認知能力下降，形成惡性循環。鼓勵老年人使用他們的記憶力，並提供顯示其記憶仍然運作良好的反饋，可能會有幫助。

一個奇案

亨利·莫萊森 (1926—2008) 是一名患有嚴重癲癇發作的美國流水線工人。1953 年,他接受了內側顳葉切除手術,同時切除了兩側海馬體,以治療嚴重的癲癇。手術控制了癲癇發作,但導致他失去了對於手術前幾年的記憶,這種失憶隨後發展成順行性失憶症。他只能保留幾秒鐘新的陳述性記憶,但卻具備學習新技能的能力。

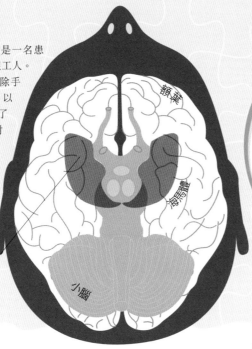

額葉

海馬體

小腦

雙側腦半球內側顳葉的大部分區域均被切除

仰視圖

甚麼是彈震症?

這個詞是在第一次世界大戰期間出現的,用來描述一種被認為是由炮彈爆炸的聲音引起的後果。事實上,士兵們當時正遭受着戰爭創傷帶來的創傷後壓力症候羣 (PTSD)。

其他記憶問題

很多事情都會影響記憶,從短期壓力到生活事件,比如生孩子。記憶的改變可能與神經化學的改變有關。例如,當我們感到擔心的時候,就會釋放出皮質醇,而孕婦在懷孕的時候激素也會激增。睡眠剝奪等生活方式的改變,也起到了一定的作用。

原因	解釋
壓力	適度的短期壓力可以讓你更容易形成記憶,但要回憶已經學過的知識卻變得更加困難。這或許可以解釋為甚麼考試中「大腦一片空白」的感覺如此普遍。
焦慮	長期或慢性壓力,如焦慮症患者所經歷的壓力,會損害腦的海馬體和其他記憶結構,導致記憶問題。
抑鬱	抑鬱會影響短期記憶,使人們難以回憶所經歷事件的細節。健康的人傾向於記住積極的一面而不是消極的一面。而抑鬱症患者,則正好相反。
「孕傻」	懷孕的婦女可能會經歷一系列認知能力的輕度下降,儘管這些能力下降可能只有該婦女自己能注意到。嬰兒出生後,睡眠不足會加重新手母親的記憶問題。

創傷後壓力症候羣

通常,當儲存記憶的時候,情緒會隨着時間的推移而消失,所以我們在回憶往事時不會再去「重新親身體驗」當時的情景。但在創傷後壓力症候羣 (PTSD) 中,患者無法將記憶與情緒分離,而侵入性記憶又使得恐懼再次泛濫。這些記憶可以被視覺或聲音激活,且患者通常不知道它們的觸發因素。

記憶的特殊類型

　　儘管有少數孩子表現出非凡的能力，但大多數記憶力出眾的人並非天生如此。相反，他們使用特殊的技巧和大量的練習，有時會導致腦發生物理上的變化。

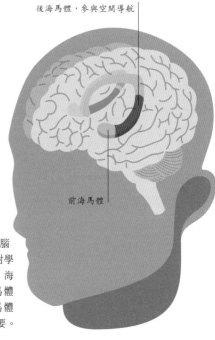

後海馬體，參與空間導航

前海馬體

培養非凡的記憶

　　科學家們研究了倫敦的士司機在學習「知識」(一個由道路和地標組成的龐大網絡) 時的情況，發現受試者的後海馬體的體積，隨着他們導航能力的提高而增大，這可能是由於新神經元的產生或現有樹突的生長。然而，在不涉及倫敦地標的記憶測試中，的士司機的表現比對照組差。這表明記憶是有限的，改善其中一個方面可能會以犧牲其他方面為代價。

海馬體的結構
我們的兩個海馬體 (腦的兩個半球各一個) 對學習和記憶至關重要。海馬體可以分為後海馬體和前海馬體，後海馬體對於空間導航尤為重要。

學者綜合徵狀

　　智障者有時在某一特定領域 (通常與記憶有關) 表現出不可思議的能力。這叫作學者綜合徵狀。許多學者綜合徵狀患者是孤獨症患者，但這種綜合徵狀也可能由嚴重的頭部創傷引起。一些學者綜合徵狀患者可以計算出任何一個日期是星期幾。另一些則可以記住他們讀過的所有東西，或者可以畫出他們只看過一次的場景的詳細圖片。科學家認為這些天賦的發展可能是由於「學者們」對某一領域的極度關注和興趣。也有證據表明，通過獲取我們大多數人沒有意識到的感知信息，「學者們」將世界視為積木，而不是整個畫面。

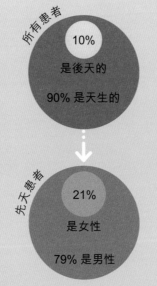

所有患者

10%
是後天的
90% 是天生的

先天患者

21%
是女性
79% 是男性

遺傳學和性別
根據其父母或養育者報告的一個學者綜合徵狀數據庫發現，絕大多數 (90%) 患者出生時就患有這種疾病，其中大多數是男性。

閃光燈記憶

人們在接收情緒化的消息時，往往會記得自己在哪裏，這種記憶似乎非常生動和詳細，這些記憶被稱為閃光燈記憶。然而，研究表明，這些「快照」記憶的錯誤率與其他記憶的錯誤率一樣高。

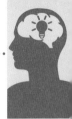

圖例
- 的士司機的海馬體
- 的士司機的後海馬體

在接受訓練前，的士司機有正常大小的海馬體

1 大小相同

在研究開始時，科學家掃描了參與者的大腦，以測量他們海馬體的大小。接受訓練的的士司機與對照組司機並無差異。

後海馬體的體積增大

2 解剖學的改變

通過「知識」培訓的的士司機，比對照組或未通過培訓的的士司機有更大的後海馬體，但一些研究發現他們的前海馬體更小。

後海馬體的大小變得與原來一樣

3 變回正常大小

退休的的士司機的腦看來更像是對照組司機的腦。這表明，一旦的士司機停止每天使用這些知識，其後海馬體就會變回原來的大小。

「照相」記憶

照相記憶是不存在的，無人可以在看了一頁頁文字或圖像後，再次回憶起來時，就像那些文字或圖像真實地展現在自己眼前一樣。但與照相記憶最接近的是遺覺記憶，可在 2% ～ 10% 的兒童身上出現。在這種情況下，遺覺記憶者在看了一個圖像之後，可繼續在視野中「看到」它，直到眨眼而逐漸褪色或消失。

不完美的畫
研究表明，遺覺圖像並不精準。孩子們可能會編造一些細節，例如「回憶」起一張圖片中原本並不存在的東西。

照片　　　　孩子

記憶

有時，具有遺覺記憶的人會生動地回憶起原來場景中沒有的細節，比如屋頂的顏色

人們能記住一切嗎？

完美的記憶是不存在的，但有少數人擁有卓越的自傳體記憶，從而對生活中的經歷有特別的回憶。

對面孔有驚人記憶力的人被稱為超級識別者。

智力

關於智力是如何進化的、智力實際上包括甚麼，以及高智商的關鍵因素有哪些，有很多理論。

智力是甚麼？

智力是我們從周圍環境中獲取信息，將信息整合到知識庫中，然後將其應用於新的環境和情境中的能力。雖然人類智力有許多進化模式，但語言和社會生活無疑發揮了重要作用，因為這使得知識能夠代代相傳。人類智力的進化造就了我們作為一個物種的成功，使我們能夠居住在地球上並能適應幾乎所有的環境。

有超過 1000 個人類基因與智力有關。

1 獲得
人們通過各種經歷收集、理解並保留信息。

2 處理
對新信息進行批判性分析，與現有知識進行比較，並將其置於情境中。

3 應用
人們將現有的知識應用於新的情況或解決新的問題，而不是在記憶中重複。

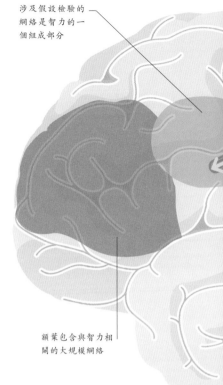

涉及假設檢驗的網絡是智力的一個組成部分

額葉包含與智力相關的大規模網絡

智力理論
一些研究表明，前額葉、頂葉皮層與小面積神經元（網絡）之間的連接是高智力的關鍵（上圖）。此外，還有一些別的解釋（右圖），這些理論認為智力與整個腦的連通性有關。

智力的類型

人們經常從廣義上談論智力，但有一種理論認為，存在多種智力。智力使人們具有獲取和應用特定領域知識的能力。例如，有人可能在解決數學問題上很費勁，但卻能彈奏一段只聽過一次的音樂。有人認為這一理論支持對智力進行更現實的定義，而批評者則認為這些「智力」僅僅是天賦。

自然學家
認識植物和動物的特徵，並根據對自然世界的了解做出推斷。

音樂能力
對節奏、音高、音調、旋律和音色敏感，並將其應用於演奏和作曲。

邏輯—數學能力
對數字很敏感，可輕鬆量化事物。這類人會系統地解決問題和批判性地思考問題。

存在主義智慧
利用觀察、洞察力和知識來解釋外部世界和人類在其中的角色。

人際關係的能力
對人們的情緒、感覺和動機敏感。可將此應用於人際關係，幫助團隊發揮作用。

身體—動覺能力
利用更強的身體意識、協調性和節奏感來掌握體育運動等身體活動。

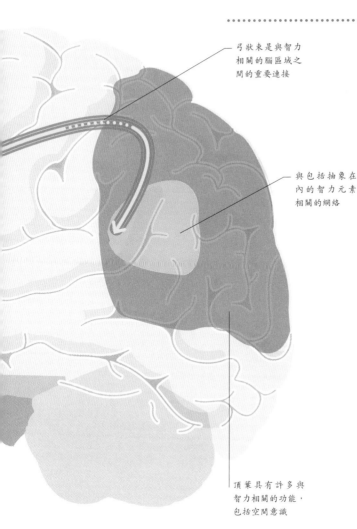

弓狀束是與智力相關的腦區域之間的重要連接

與包括抽象在內的智力元素相關的網絡

頂葉具有許多與智力相關的功能，包括空間意識

γ 腦電波和 β 腦電波是神經振盪

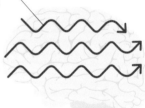

腦電波

當 γ 腦電波和 β 腦電波同時出現時，神經通信是有效的，不容易分心。

整個腦都與智力有關

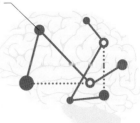

網絡神經科學理論

智力不只涉及特定的區域，還取決於整個腦是如何交流的。

可塑性是腦重組的能力

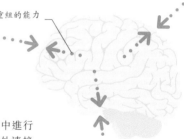

可塑性

高智力與在腦中進行交替和建立額外連接的能力有關。

語言能力

擅長言辭，並利用對詞彙的理解來構思故事、傳達複雜的概念和學習語言。

內省能力

對自我有深刻的理解，可以用來預測自己對新情況的反應和情緒。

視覺—空間能力

能夠很輕鬆地判斷距離，識別細節，並通過三維可視化世界來解決空間問題。

智力的遺傳

身體特徵不是唯一可遺傳的特徵。事實上，智力被認為是人類最可遺傳的特徵之一。據估計，成人智力差異的 50% ~ 85% 可以用遺傳學來解釋。

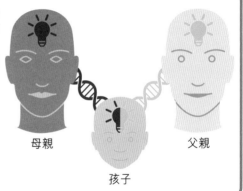

母親　　　父親

孩子

智力測量

智力測量已經使用了一個多世紀，但關於其測量方法和結果如何使用目前仍然存在激烈的爭論。

一個人的 **智商分數** 根據所使用的測試方法的不同，可以相差 **20 分** 或更多。

智商分數是標準化的，所以曲線總是以100分為中心

正常分佈

當將智商測試的分數繪製在頻率圖上時，結果是一個鐘形曲線或正態分佈，其中大多數人的分數對稱地聚集在平均值附近。每 100 個人中，有 68 個人的智商得分為 85～115。在該範圍的上下兩端，頻率迅速下降。

一個人的智商會保持不變嗎？

一個孩子的智商分數可能會有很大的不同。在較短的時間內，分數可能會有顯著的變化；但成年後，智商得分則趨於穩定。

頻率

根據 2002 年美國法院的裁決，智商低於 70 的囚犯不能被判死刑

智商（IQ）

智商是一項標準化測試的總分，該測試對智力的各個方面，包括測量分析思維和空間識別。目前有十幾種不同的智商測試，這些分數被用來對學生和招募軍人等分程度。儘管智商測試在統計學上是可靠的，但有人認為，智商測試會受到文化的干擾。

0.1%	2.1%	13.6%	34.1%	34.1%
55	70	85	100	115

分類

極低	遠低於平均水平	低於平均水平	平均水平	高於平均水平

IQ

智商的替代物

　　智商不是衡量智力的唯一標準。除智商外，還有幾種可供選擇的測試，其中很多是基於視覺的，其核心是圖片、錯覺或模式序列。心理測量是招聘工作中經常使用的一種方法，用來評估一個人的能力。例如，在選擇護理人員時會評估其同理心。智商測試得分高的人在其他測試中也可能得分高。這可能表明（他的）整體認知能力很高。整體認知能力有時被稱為一般智力因素（g）。

一般智力
一般智力因素反映某人在
幾個特定的智力領域
都有出色的表現。

機械的
語言的
一般智力（g）
空間的
數字的

門薩組織的成員智商約
為 132 分或以上

| 13.6% | 2.1% | 0.1% |
| 130 | 145 | |

遠高於平均水平　　　極高

智商的記錄

常有人聲稱自己智商異常高（200 分以上），但很少得到證實。美國人瑪麗蓮・沃斯・薩凡特在 1986—1989 年的健力士世界紀錄中保持了最高智商紀錄（228 分），但之後健力士認為該測試不夠可靠而取消了這一類別。也有人試圖測量那些無法再接受測試的人的智商。例如，據估計，愛因斯坦的智商超過 160。

人類的智商在上升嗎？

　　有證據表明，人類的智商普遍在提高。當智商測試每 10 ～ 20 年修訂一次時，那些習慣接受標準化新測試的受試者，也會被要求參加之前的舊測試，而他們在舊測試中的分數總是更高。換言之，如果今天的美國成年人接受 20 世紀 20 年代的智商測試，絕大多數人的智商都會在極高水平，即 130 分以上。來自世界各地的證據均支持這一點，但在發展中國家智商的增長速度最快。最近的證據表明，這種被稱為弗林效應的增長已經趨於平穩。

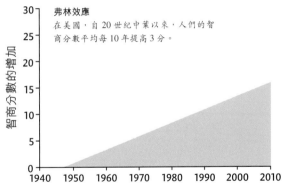

弗林效應
在美國，自 20 世紀中葉以來，人們的智
商分數平均每 10 年提高 3 分。

智商分數的增加

30　25　20　15　10　5　0

1940　1950　1960　1970　1980　1990　2000　2010

創造力

我們每個人的腦中都會時不時閃現創造性的火花，但其中一些人是否比另一些人更有創造力，則取決於我們腦中三個網絡之間的聯繫和協調性。

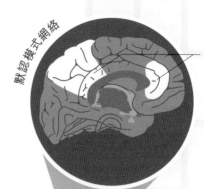

默認模式網絡

當大腦在走神時，這個網絡就會激活

創造力的科學

創造力，也就是我們提出新的有用想法的能力，與三個不同的腦網絡有關：默認模式網絡、顯著性網絡和中央執行網絡。雖然這些網絡是相互連接的，但它們通常不會同時處於活動狀態。然而，對被要求執行特定任務的人進行的功能磁共振成像研究表明，能夠在適當時刻在這些網絡之間快速切換的人，對任務更有具創造性的反應。事實上，這種創造性與這三個腦網絡之間的關聯性是如此之強，以至於可以根據這些網絡之間的聯繫強度，來預測一個人的創造力。

1 白日夢

當思維漫遊時，默認模式網絡處於活動狀態。這個網絡包括與自我反省、思考他人、思考過去或未來有關的腦區域——所有我們在做白日夢時思考的事情。

日本發明家**山崎舜平**（SHUNPEI YAMAZAKI）曾報告稱擁有 **5255 項專利**。

具有創造力的腦

雖然基因在創造力中起一定作用，但其他因素也很重要。低水平的去甲腎上腺素可能有助於創造力，因為這種神經遞質將向內集中的注意力轉移到外部刺激。雖然這有助於「戰鬥或逃跑」反應，但創造性的想法通常來源於內部。此外，創造力還需要一個強大的知識庫，例如，作曲家往往在創作數十年後才寫出自己最好的作品。

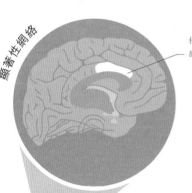

顯著性網絡

根據收到的信息
徵用其他網絡

中央執行網絡

為保持對特定任
務的注意力而被
激活的區域

2 開關

顯著性網絡檢測來自感官
的信息，以確定中央執行網絡是
否應該參與。例如，當你在做白
日夢時聽到你的名字，顯著性網
絡就會觸發一個開關。

3 聚焦

中央執行網絡讓意識腦區開始思
考，並保持對任務的專注。研究表明，
在任務完成後的幾秒鐘內默認模式網
絡重新接通。

演奏爵士樂時的腦

在一項研究中，爵士音樂家被要
求一邊彈奏鋼琴，一邊用功能磁
共振成像儀對他們的腦活動做記
錄。從演奏記憶中的音樂改為演
奏即興爵士樂時，他們的腦活動
均被記錄下來。結果表明，在即
興演奏中，負責評估自身行為和
參與行為抑制的腦區域活躍度較
低。

外側前額葉皮層的活動　　外側前額葉皮層失效

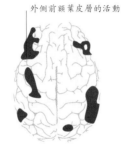　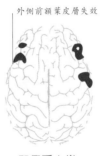

記憶中的音樂　　　　即興爵士樂

**當我們不專注於某項
任務時，為甚麼思想
總是在遊移？**

當腦不處在任務導向模
式時，特別擅長重新配
置和連接信息。

如何提升創造力

就像運動可以鍛鍊肌肉和改善心血管的健康一樣，也有一些活動可以通過讓腦的各個區域以新的方式，協同工作來提升人的創造力。

要提升創造力，首先必須消除障礙。壓力、時間緊迫感、缺乏睡眠或鍛鍊是眾所周知的創造力殺手。人們在休息、快樂的時候往往是有創造力的，在這些時候，他們可以讓自己的思想自由地「遊蕩」。許多人聲稱，他們最好的想法是在早晨洗澡或步行上班時想出來的。當大腦不處於以任務為導向的狀態，而是在休息狀態下，思想似乎可以更自由地流動。

培養新的聯繫

日常作息有助於調節日常生活，同時也加強了現有的神經通路。一些有利於提升創造力的活動可產生新的神經連接。例如，學習演奏樂器可以建立和加強不同腦區域之間的連接。

簡單地改變生活方式也能培養創造力，你可以嘗試選擇一條更有趣的工作路線、一種平時不穿的服裝顏色，或者一種新的烹飪方法。盡可能多地和志同道合、富有創造力的人在一起。無論在畫廊還是花園小屋，新的信息都會激發新的想法。

有時，無法解決的問題可促進新的思維方式形成。例如，你能想到一個萬字夾能做多少事情嗎？如果你被一個問題困住了，就要和它保持一定的心理距離。可以想像一下來自另一個國家、時期或年齡段的人會如何處理這個問題。

允許自己與周圍事務切斷聯繫。如果你在排隊等候中，不要埋頭於手機查看電子郵件或社交媒體。相反，嘗試走走神，讓思維漫遊。

下一次當你想不出好主意時，試試下面的方法：

- 保持足夠的休息，學會減壓和鍛鍊身體。
- 學習新技能，花時間和其他有創造力的人在一起。
- 跳出框框思考，想出解決老問題的新方法。
- 關掉電子設備，讓大腦休息一段時間。

信仰

大腦可以提取複雜的信息，進行不易言説的觀察，並對其評估和分類，由此形成了指導我們生活的建議，不管這些建議是對是錯。

信仰是如何形成的？

信仰是從所聽、所看和所經歷的，從我們與他人和環境的互動中發展而來的。它與情緒交織在一起，這就是為甚麼當信仰受到挑戰時，往往會引起情緒反應。無論是否有充足的證據，信仰都被我們視為真理。然後，信仰變成了一個過濾器，不支持信仰的信息被拒絕，這可能會限制我們對世界的看法。信仰並不是一成不變的，每個人都有選擇和改變信仰的能力。

知識
知識會影響和挑戰信仰。

未來願景
想像中生活的樣子與信仰有着錯綜複雜的聯繫。

信仰的不同方面
我們從生活的許多方面來處理信息，形成信仰。同樣，信仰也影響着我們處理這些信息的方式。

事件
積極和消極的事件都會影響人們對世界的看法。

環境
所生活的環境、生活方式和撫養人都是信仰形成的基礎。

過去的結果
過去的成功和失敗塑造了對於事物可能性的信仰。

人在相信某事或某人時，腹內側前額葉皮層被激活

島葉記錄懷疑信號

1 不良行為
即使針對隨機現象，人類的大腦也能發現規律。例如，在人類了解閃電是甚麼之前，他們就開始尋找閃電的模式；世界上許多文化都認為閃電與某些不良行為相關。

2 大腦的區域
人腦中涉及情緒的區域對建立信仰十分重要。對信仰的生化基礎的研究是一個活躍的研究領域，因為包括安慰劑效應等證據表明，信仰會觸發體內的生化反應。

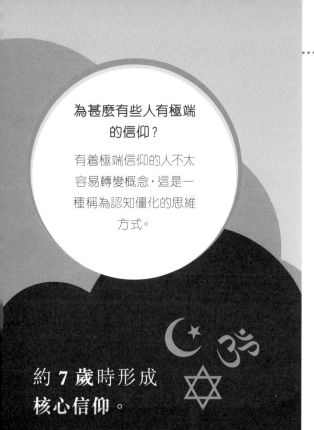

為甚麼有些人有極端的信仰？

有着極端信仰的人不太容易轉變概念，這是一種稱為認知僵化的思維方式。

約 **7 歲** 時形成**核心信仰**。

3　超自然解釋

除了覺察一些規律，人腦更傾向於目的性而不是隨機性。因此，認為閃電是上帝故意用來懲罰不良行為的想法，比認為它是一個隨機的自然事件更令人滿意。

信仰的層次

最深層的信仰，也就是核心信仰，是指導我們行動過程的原則。而行動決定了結果。當我們希望在生活中做出改變時，經常關注結果，因為這些是短期內最容易改變的。然而，為了促進持久的改變，我們需要改變習慣，為此，我們可能需要檢查自己的核心信仰。

核心信仰
核心信仰與如何看待自己和周圍的世界緊密相關，因此是最牢固，最不易撼動的。

結果

過程

核心信仰

論證信仰

信仰有三種類型：事實、偏好和意識形態。如果兩個人辯論事實，那麼只有一個人是對的；而在辯論偏好時，兩個人都是對的。意識形態從事實和偏好中汲取相應的要素。學齡前兒童即可以區分這些信仰，並認識到在某些情況下，兩個人都是對的。

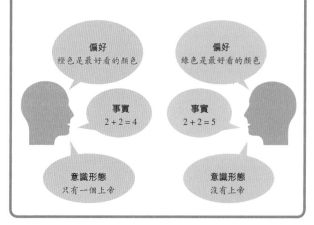

偏好
橙色是最好看的顏色

偏好
綠色是最好看的顏色

事實
2 + 2 = 4

事實
2 + 2 = 5

意識形態
只有一個上帝

意識形態
沒有上帝

意識
與自我

甚麼是意識

意識是我們對外部刺激 (如周圍的環境) 和內部事件 (如我們的思想和感覺) 的認識。我們可以識別產生意識的腦活動，但這種現象是如何從身體器官產生的仍然是一個謎。

意識的定位

思想、感覺和想法都是腦的活動，都是以神經系統為基礎的產物。然而，目前還不清楚是神經活動本身產生了意識 (思想)，還是它僅僅與意識有關。這是兩種意識理論的根本區別。第一種是一元論，把思想等同於腦；而第二種是二元論，認為思想與腦和身體是分離的。

光

一元論
依據一元論，我們的每一個思想、感覺和想法都是腦受到刺激後被激活的產物。在這種情況下，腦活動本身就是我們對物體有意識的認知。換句話說，腦就是思想，思想就是腦。

一元論

二元論

思維在哪裏？
當我們看到一個物體時，它是大腦感知到光刺激的結果。然而，大腦中的這種活動是否直接導致意識，或者這種活動是否與外部思維有關，仍存在爭議。

虛擬實景

虛擬實景 (VR) 和擴增實景 (AR) 不再只是科幻小說中的情節。現在人們用電腦來模擬外部刺激，如視覺或聲音，為腦提供另一種現實。

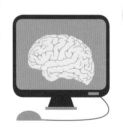

腦幹死亡

在世界某些地區 (如英國)，法律上對死亡的定義是腦幹死亡。腦幹 (參見第 36 頁) 的不可逆損傷，使它無法調節生命所必需的自動功能。雖然這些功能可在醫療設備的幫助下繼續，但患者永遠無法恢復意識。

二元論

二元論認為,思想(非物質的)存在於腦(物質的)之外,但二者是相互作用的。由外部刺激產生的腦活動與有意識的感知有關,但思想本身是獨立的。

人工智能有意識嗎?

一些科學家相信人工智能可以被編程為有獨立意識的;另一些科學家則認為意識不是機器可以學習的東西。

意識的要求

意識的神經基礎仍然是一個正在研究的領域,其目的是識別腦中產生有意識體驗所必需的結構和過程。有人認為,意識的過程發生於單個神經元的水平上,而不是單個分子或原子的水平。意識的產生很可能必須存在下面四個因素。

高頻率

β 腦電波

當神經元以相當高的頻率放電時,就會出現正常的意識狀態。β 波(參見第 42 頁)發生在神經元高速放電的時候,提示大腦處於警覺性、邏輯性和分析性思維中。

同步頻率

意識可能依賴於神經元的同步性。成羣的神經元聚在一起,將個體的感知(如視覺、聽覺和嗅覺)結合起來,形成一種知覺。

每 1000 個全身麻醉的醫療過程中,有 1 個或 2 個病人可能會有意識。

時間

無意識的腦大約需要半秒鐘的時間,才能將刺激加工成有意識的感知,但腦讓我們認為可以立即體驗到事物。

額葉活動

額葉可能在意識方面起着重要作用,包括反思及協調意識水平。

注意事物

　　注意力引導我們的意識（參見第162 ~ 163頁）更加專注於特定的感官信號輸入，如視覺或聲音，並排除競爭性信息。注意的過程始於感覺器官，它激活腦的各個區域，包括額葉和頂葉。頂葉處理空間信息，將注意力引向一個空間區域，而額葉則將注意力引向特定的物體。

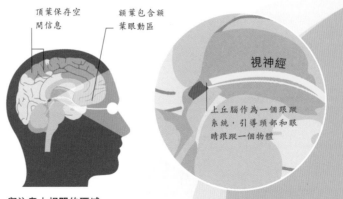

頂葉保存空間信息

額葉包含額葉眼動區

視神經

上丘腦作為一個跟蹤系統，引導頭部和眼睛跟蹤一個物體

與注意力相關的區域
對視覺刺激產生注意力的關鍵區域為額葉的額葉眼動區和上丘腦，它們共同引導眼睛聚焦在一個物體上。

注意力

　　注意是專注於特定信息的過程。腦是處理行為和認知信息的主要器官，當然身體的其他部分，如眼睛和耳朵，也是必需的。

研究表明，人類的平均**注意力持續**的時間只有 **8 秒**。

注意缺陷多動障礙

注意缺陷多動障礙（ADHD）是一種行為障礙（參見第216頁），包括注意力不集中和多動等症狀。多動症的確切病因尚不完全清楚，研究表明，有可能是神經遞質失衡或是遺傳因素。然而，導致專注力不足過動症的任何潛在遺傳因素都被認為是複雜的，不太可能由單一基因引起。

注意力可持續的時間在減少嗎？

沒有證據表明個人注意力的持續時間在縮短，但最近一項研究表明，人類整體的注意力持續時間在縮短，例如對一個新聞故事或熱門話題的持續關注時間。

持續性注意力

持續性
注意力是在某一特定事情上（如閱讀一本書）長時間保持專注的能力。有關大腦影像學的研究表明，額葉和頂葉大腦皮層區域，尤其是腦右側的額葉和頂葉，與持續性注意力有關。

選擇性注意力

選擇性
注意力是指有目的地將注意力集中於一些特定的事物，例如一個物體或一種聲音，而過濾掉環境中其他不相干事物的過程。比如，忽視汽車的聲音而只專注於打電話就是選擇性注意力的一個例子。

注意力的類型

注意力有多種類型，而我們所處的環境決定了我們需要甚麼類型的注意力。當我們需要全神貫注於一種刺激時，持續性注意力和選擇性注意力都會被用到。當我們需要同時關注多個刺激時，則需要使用交替性注意力和分散性注意力。注意力不是一種無限的資源，把注意力集中在某件事上的過程可能會很累，因為它需要很多能量。

交替性注意力

交替性
注意力是指在非常不同的認知反應任務之間進行注意力快速切換的能力。例如，在做晚飯的時候，不時地看看食譜上的烹飪步驟，就是在不同任務間進行注意力切換的例子。

分散性注意力

當我們
需要同時進行兩個或兩個以上活動的時候，就需要用到分散性注意力。例如，在騎車的時候聽音樂。有時候，這種類型的注意力被稱為多任務處理。

分心

我們的腦不能持續保持注意力集中。相反，它在兩種不同的狀態之間快速切換：注意和分心。在分心的時候，腦會掃描周圍的環境，確認沒有更重要的事情需要注意。有人認為，注意和分心的交替給人類帶來了進化上的優勢，使我們能夠對新的機遇或威脅做出快速反應。

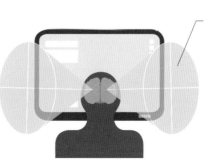

在分心的時候，腦掃描周圍的環境

尋找問題
即使當我們認為自己專注於一項事物時，腦也在檢查環境，以便在必要時轉移注意力。

如何集中注意力

集中注意力需要腦處理特定的信息。在充滿干擾的世界，集中注意力對正確地學習、理解和執行工作是至關重要的。

注意力是一種有限的資源，如果你想避免分心並專注於特定的任務，就必須集中注意力。集中注意力的能力因人而異。它既受你對手頭工作的興趣影響，也受你遇到的干擾因素所影響。如果你真的對某件事感興趣，你甚至不會注意到周圍環境中出現的其他干擾。這是因為，如果你投入其中，就更容易把全部注意力集中在某件事上。那麼，如何提高集中注意力的能力呢？

分心、分心、分心

集中注意力包括在專注於某件特定事情的同時，排除內部和外部的干擾。當你讀這本書的時候，希望你能把注意力集中文字上。然而，你的腦會受到一系列干擾的「轟炸」。這些干擾可能來自外部，例如，在你後面有電視機在播放，或者有人在你周圍談話。

你也可能面臨來自內部的干擾。飢餓感會促使你思考晚飯吃甚麼，你可能突然想起一個忘記了的重要事情。這些類型的內部思維是由腦中叫作內側前額葉皮層的區域引起的，該區域與決策、情緒反應和長期記憶的恢復有關。

研究表明，當你正在完成一項事情時，如果注意力被分散，可能需要平均 25 分鐘把注意力重新集中起來。因此，下次當你分心的時候，試着用以下方法集中注意力：

- 遠離潛在的干擾，關掉所有電子設備，搬到一個安靜的地方。
- 如果手頭的工作實在單調乏味，可以提醒自己為甚麼要做這件事。
- 想像一下完成任務後會有甚麼成就感，這可以提供額外的動力。
- 慢慢地增加集中注意力的時間，這可以改善注意力的集中度。

自由意志與無意識

日常生活中的許多活動，從動作到情緒，都不是由意識控制的。相反，腦中的無意識活動才決定了我們的許多動作、思想和行為。

自由意志

不受限制地選擇行動方式的能力被稱為自由意志。我們似乎在用意識來做決定。然而，研究表明，我們對自己行為的有意識的控制可能比想像中要少。實驗表明，在我們有意識地做出決定前的五分之一秒，腦就已開始計劃將要執行的動作了。

潛意識能幫你解決問題嗎？

如果你被一個問題困住，那麼，讓你的思想「遊蕩」起來，這樣可以讓腦從潛意識中收集信息，並可能提供一個解決方案。

本傑明・利貝特的實驗

科學家本傑明・利貝特（Benjamin Libet）讓受試者在意識到自己做出舉起手指的決定時記下米。同時，記錄受試者的腦電波和肌肉運動。

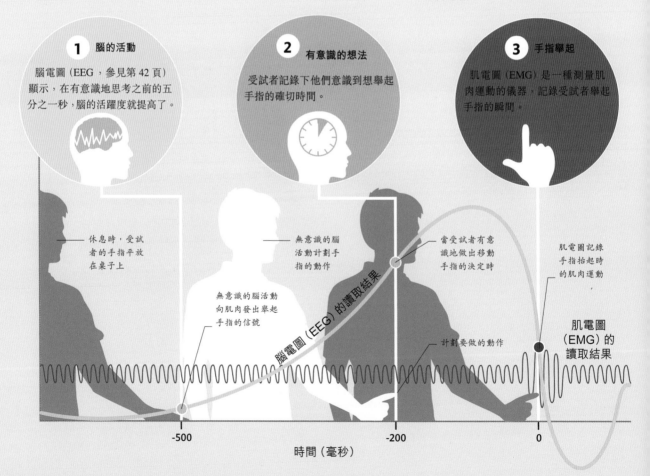

1 腦的活動

腦電圖（EEG，參見第 42 頁）顯示，在有意識地思考之前的五分之一秒，腦的活躍度就提高了。

2 有意識的想法

受試者記錄下他們意識到想舉起手指的確切時間。

3 手指舉起

肌電圖（EMG）是一種測量肌肉運動的儀器，記錄受試者舉起手指的瞬間。

休息時，受試者的手指平放在桌子上

無意識的腦活動計劃手指的動作

當受試者有意識地做出移動手指的決定時

肌電圖記錄手指抬起時的肌肉運動

無意識的腦活動向肌肉發出舉起手指的信號

腦電圖（EEG）的讀取結果

計劃要做的動作

肌電圖（EMG）的讀取結果

-500　　　　　　　-200　　　　　　0

時間（毫秒）

意識的水平

在 20 世紀初，神經學家西格蒙德・弗洛伊德（Sigmund Freud）普及了一種觀點，認為腦可分為三個層次的意識：有意識（人們意識到的心理過程）、前意識（人們不知道但可以進入意識的過程），以及無意識（影響人們行為的難以觸及的心理過程）。更現代的說法表明，意識可被分為幾個層次，從強烈的自我反省到最深的睡眠。

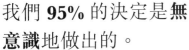 

我們 **95%** 的決定是**無意識**地做出的。

自省
我們會審視自己的思想、行為和情緒。例如，我們可能會對自己過去的行為耿耿於懷。

正常的意識
我們有一種能動感，即我們相信可以控制自己的思想，而思想可影響行為。

無意識的知識
我們可以執行複雜的任務，但卻可能忘記了做過這件事。例如，開車回家，卻記不住做過這件事。

意識的缺乏
在睡夢中，我們既不能感知周圍的世界，也沒有自我意識去體驗諸如時間流逝之類的事情。

諷刺進程理論

如果我們被要求不要去想一隻白熊，我們可能偏會想到一隻白熊，這是因為刻意壓抑一個想法會使它更容易產生。這種現象可以用一種被稱為諷刺進程理論的觀點來解釋。大腦無意識地監測自己是否出現了不想要的想法，諷刺的是，這反而讓我們意識到了這個想法。這也是戒煙困難或是為甚麼試圖忘記一個糟糕的回憶很少奏效的部分原因，無意識令我們想起試圖忘記的事情。

做出決定

2006 年，兩名荷蘭研究人員要求受試者在以下三種情況下做出一個複雜的決定：考慮的時間很少、有充裕的考慮時間，及雖然有充裕的考慮時間但存在一些對有意識思考的干擾。在所有情況下，有干擾的受試者表現最好。研究結果表明，人們在無意識的情況下，比在有意識的情況下能做出更好的決定，儘管實驗表明只有當我們在做複雜的決定時才是這樣的。

意識狀態改變的類型

意識狀態的改變可根據其誘導的原因來分類。然而，所有意識狀態（參見第 162 ～ 163 頁）的改變都會以某種方式破壞腦的功能。

意識狀態的改變
意識狀態的改變是指任何與我們正常意識狀態明顯不同的情況，它幾乎總是暫時且可逆的。

心理的
有一種意識狀態的改變可以通過某些文化或宗教實踐來誘導，如冥想，或通過跳舞或擊鼓進入恍惚狀態。其他例子還包括感覺剝奪和進入催眠狀態。

物理和生理學的
極端的環境條件，如高海拔或太空中較弱的重力，會導致意識狀態的改變，長期禁食和呼吸控制也一樣。

自發的
自發的意識狀態改變包括感到困倦、做白日夢、進入瀕死體驗和睡前的意識狀態（稱為假眠狀態）。

疾病引起的
疾病可以不同程度地改變意識狀態，例如精神分裂症等精神疾病，以及癲癇發作和昏迷，都會改變意識狀態。

藥理學的
精神科藥物如酒精、大麻或鴉片類，會破壞腦神經遞質的功能，改變服用者的意識狀態。

甚麼是意識狀態的改變？

當處於正常的意識狀態時，我們可意識到外在環境和內在思想。然而，腦可以產生更廣泛的意識體驗，包括意識狀態的改變。每當我們進入一種改變的意識狀態，腦的模式就會發生改變。這種腦功能的破壞，可以由不同的方式引起，包括大腦的血液流動和氧氣的變化，或者對神經遞質功能的干擾。

瀕死體驗是一種改變的意識狀態嗎？

這是一個很有爭議的問題，但是那些有過這樣經歷的人描述了一些和其他改變狀態共有的特徵，比如永恆的感覺。

識別意識狀態的改變

意識狀態的變化包括從高度警覺到完全喪失意識，其中間有一個「正常」狀態。同時，意識狀態的改變可以在意識狀態變化範圍的任何一側，也就是可以比正常的意識強或弱。可以用不同的標準來識別改變的意識狀態。

受控及自動過程
我們執行受控過程（需要全部意識參與的事情，如解謎）及自動過程（需要較少注意力的事情，如讀書）的能力受到影響。

自我控制
我們可能很難控制自己的行為和動作，例如在醉酒的時候走直路。同時，也很難控制情緒，如猛然大哭或出現攻擊行為。

意識的水平
與清醒時正常的意識狀態相比，在異常意識狀態中，我們對於發生在周圍或內部事件的意識水平會增加或下降；其中，下降更為常見。

情緒意識
在改變的情緒狀態中，我們對情緒的意識（情緒體驗）通常會減少。同時，我們發現很難控制這些情緒。這讓我們變得更加情緒化、咄咄逼人或焦慮。

感知和認知扭曲
感知可能發生改變。正常的記憶儲存和提取可能會更加碎片化或其準確性下降。思考的過程可能會變得雜亂無章和缺乏邏輯性。

時間感知
在一種改變的情緒狀態中，人們對時間的感知可能變得扭曲；時間可能會顯得更慢或更快了。這是因為我們更少地注意時間的流逝，就像我們在睡覺的時候意識不到時間一樣。

382 天是目前**禁食固體食物**的**最長**時間記錄。

腦中意識狀態的改變

意識狀態改變可以導致從幸福到恐懼的一系列體驗。這些體驗是由腦的不同部位的神經活動產生的。正常腦功能的改變會導致腦對輸入的信息產生扭曲，引起聽覺或視覺幻覺、記憶扭曲或錯覺。

額葉活動減少降低了推理和決策的能力

頂葉活動的改變使空間判斷和時間知覺變得扭曲

丘腦作為邊緣系統和額葉皮層之間的通道，可以被抑制

顳葉功能的改變導致產生無法解釋的體驗，如幻覺

改變狀態的定位
在改變的意識狀態下，腦不同區域的活動可能增加或減少，使我們對世界的感知發生扭曲。

在意識中起重要作用的網狀結構的信號可以減少

睡覺和做夢

當我們睡着時，腦似乎在安靜地休息，但實際上它們正忙於處理和儲存我們一整天學到的信息。

睡眠的階段

在夜間，我們會經歷不同的睡眠階段，從淺睡到深睡，然後進入快速眼動（REM）睡眠。大腦皮層神經元的腦電活動產生的腦電波，在每個階段都會發生變化。我們每隔幾個小時重複一次這個睡眠週期，但是其中不同部分的比例會發生變化，我們在睡眠開始時有更多的慢波睡眠，在清晨有更多的快速眼動睡眠。

我們每晚需要睡幾個小時？

大多數成年人每晚需要 7 ～ 9 小時的睡眠，但青少年和兒童（尤其是嬰兒）需要更多的睡眠。

一個不那麼寂靜的夜晚

睡眠有四個不同的階段，這些階段我們每晚都要經歷好幾次。在淺睡眠的時候，我們很容易被吵醒；而從沉睡中醒來則要困難得多。

11PM
12AM
1AM
2AM
3AM
4AM
5AM
6AM
7AM
清醒
有意識
快速眼動睡眠階段
相似的腦電波喚醒模式
1 級
淺眠，腦電波活躍
2 級
腦電波減慢
3 級
波緩慢而規整
淺睡眠
深睡眠
在快速眼動睡眠中，身體處於癱瘓狀態，但眼珠在眼皮下打轉
最長的深睡眠時間是在睡眠開始時
1 級是最淺的睡眠階段
夜間清醒期
在 2 級睡眠階段，心率和呼吸變得均勻
如果在快速眼動睡眠階段醒來，我們更有可能記得所做的夢

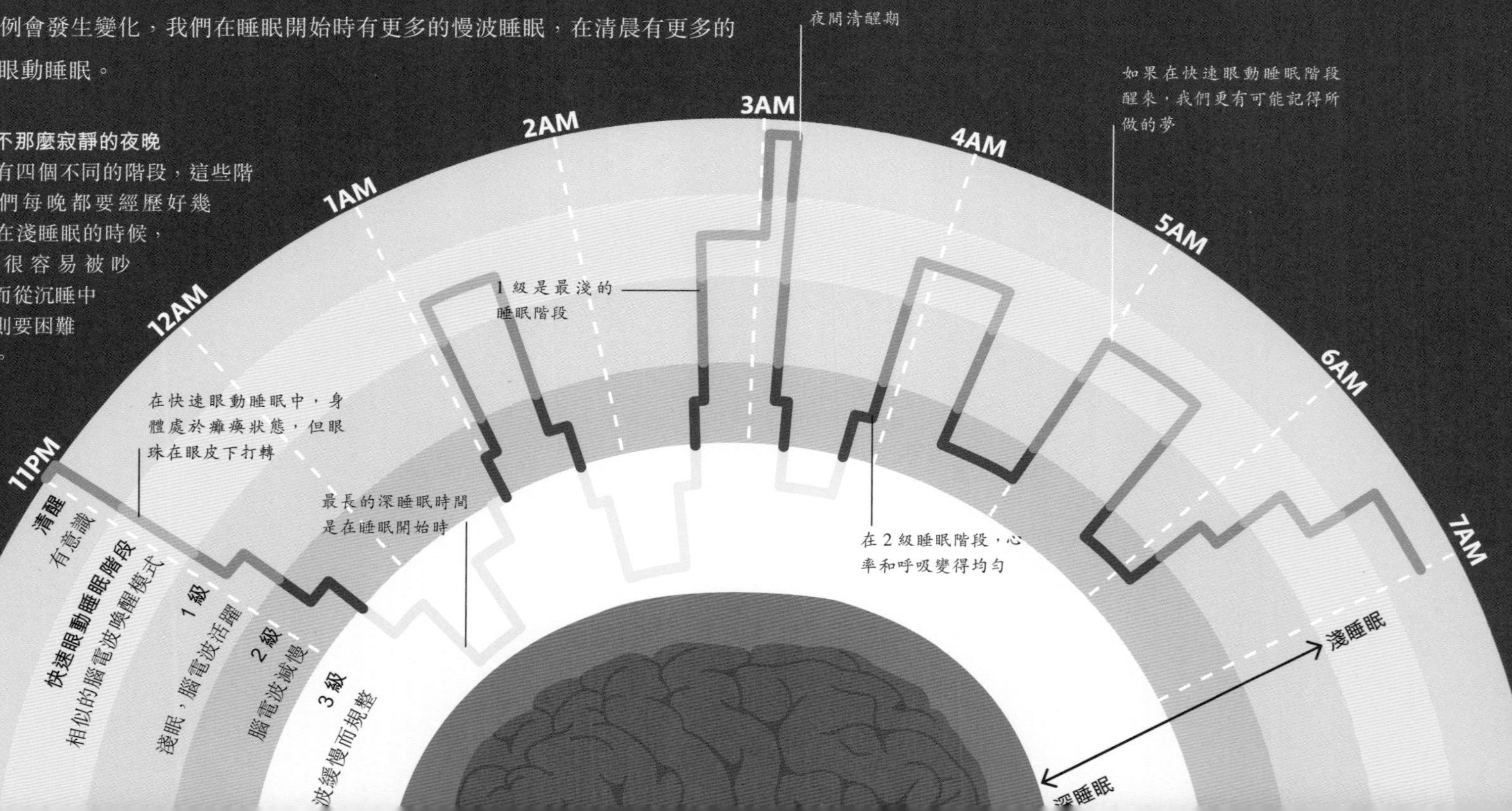

淋巴系統

星形膠質細胞通過
允許淋巴體通過
腦脊液清除的碎片

淋巴管

神經元產生碎片

星形膠質細胞收縮

血管

腦脊液流動

有證據顯示，當我們在睡覺時，一些腦細胞會活動。腦脊液使得腦脊液在它們之間更容易流動，再由淋巴管將這些廢物清除出體外。

大腦清理

白天，大腦活動會產生一些代謝產物，如果這些代謝產物積累起來就會中毒。最近在老鼠身上進行的研究表明，睡眠使腦有機會清除這些代謝產物。而人類似乎也發生在人類身上，這可能解釋為甚麼睡眠不足會對我們的學習、記憶和控制情緒的能力產生一些負面影響。

最長的保持清醒記錄是 264 小時。

睡眠障礙

當大腦無法在清醒和睡眠狀態之間進行完整的轉換時，就會出現夢遊、夢魘和身體癱瘓等問題。這時腦的一部分處於清醒狀態，而其餘部分則處於睡眠狀態。當一個人夢遊時，腦的運動區域是清醒和活躍的，但是意識和記憶區域卻是睡著的。在睡覺時，人們甚至可以執行複雜的任務，比如在熟睡時開車。

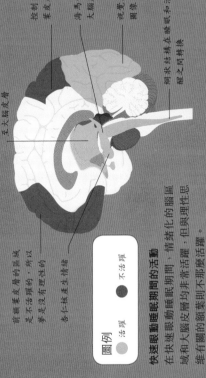

左腦將信號傳送至大腦皮層

控制自我意識的頂葉皮層是不活躍的

海馬體將新的記憶傳送至大腦皮層

視覺皮層產生圖像

前額葉皮層是不活躍的區域，所以夢是沒有理性的

杏仁核產生情緒

網狀結構在睡眠和清醒之間轉換

圖例
● 活躍　● 不活躍

快速眼動睡眠期間的活動
在快速眼動睡眠期間，情緒化的腦區域和大腦皮層均非常活躍，但與理性思維有關的前額葉則不那麼活躍。

正在做夢的腦

科學家不知道我們為甚麼做夢，但他們有關於做夢的理論。夢可以幫助我們處理白天遇到的信息和情緒，並將它們儲存在長期記憶中。一個夢也可能像一次排練，腦通過夢安全地嘗試對極端事件的反應，這樣，如果該事件之後發生在現實生活中，我們就會做好準備。這也許可以解釋為甚麼夢常常是有壓力的或消極的。而另一種觀點是，夢只是腦的「屏幕保護程式」，根本沒有其真正的目的。

時間

　　我們可以用時鐘以小時、分鐘和秒為單位，客觀地度量時間，但腦也幫助我們記錄時間的流逝。人體的「內部時鐘」設置了不同的速度，並在一生中會發生改變。

作為計時員的大腦

　　人的時間概念與涉及記憶和注意力的神經網絡有關。神經網絡中的神經元會激活，或者説「振盪」，而腦利用這一點來校準時間。在一秒鐘內振盪的次數越多，我們認為時間就越長。一些事件（如瀕死體驗）、精神狀態（如抑鬱）、興奮劑（如咖啡因）和疾病（如帕金遜病）都會影響神經元的放電速度，扭曲我們對時間的感知。

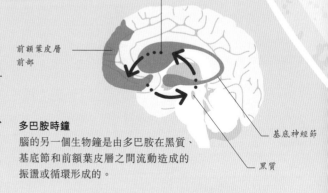

多巴胺的流向

前額葉皮層前部

基底神經節

黑質

多巴胺時鐘
腦的另一個生物鐘是由多巴胺在黑質、基底節和前額葉皮層之間流動造成的振盪或循環形成的。

時間包
腦時鐘的一個週期等於一個時間「包」，我們將其記錄為一個事件。正如高幀率的攝像機可捕捉到事件序列中的更多細節一樣，更快的神經元放電速度將創建更多的時間包，記錄更多的事件。

第 1 幀　　第 2 幀　　第 3 幀　　第 4 幀

第 1 幀和第 2 幀被視為一個時間包，因此我們只看到一個事件

第 3 幀和第 4 幀位於不同的時間包中，因此這個移動被視為兩個事件

多巴胺循環速度加倍

時間包 1　　時間包 2　　時間包 3

0.1　　時間（秒）　　0.2　　0.25　　0.3

時間幻覺

距離會扭曲我們對時間的認識。如果三個燈以相同的時間間隔（例如 10 秒）相繼閃爍，但燈 B 和 C 之間的距離大於 A 和 B 之間的距離，就會產生 B 和 C 之間的閃爍時間間隔超過 10 秒的錯覺。

A 燈閃爍後 10 秒，B 燈閃爍

B 燈閃爍後 10 秒，C 燈閃爍

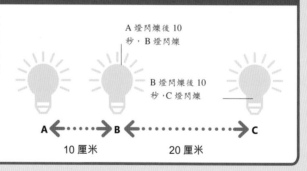

A　　B　　C

10 厘米　　20 厘米

時間和年齡

　　隨着年齡的增長，人們會感覺到時間在加快，對孩子來說是「永恆」的旅程，對成人來說就會過得很快。導致這種現象的部分原因，是人對時間的感知隨着年齡的增長而發展。尚在嬰兒時期時，我們活在當下：如果不按時進食，我們會哭，但意識不到時間的流逝。蹣跚學步時，我們被教導要注意時間，了解到完成日常工作比如刷牙，需要多長時間。當我們 6 歲的時候，就可以通過運用知識來估算時間了。

影響時間知覺的因素

成年人更注重時間，因為我們有責任和工作日程。這些從一個事件轉移到下一個事件的日常工作，可以加快我們對時間的感知。然而，對於為甚麼時間似乎隨着年齡的增長而加快，也有生物學理論、比例理論和知覺理論。

新陳代謝

一個 4 歲孩子的心臟在 24 小時內完成的跳動次數是成人心臟的 125%。兒童的其他生物學指標，如呼吸，也更快。這意味着孩子們接收更多的信息，所以時間似乎移動得很慢。

比例理論

隨着年齡的增長，時間間隔在整個生活中所佔的比例越來越小。一年是 10 歲孩子生命的 10%，但只佔一個 50 歲成人生命的 2%。

知覺理論

人們吸收和處理的信息越多，感知的時間就越慢。第一次經歷很多事情的孩子們，更關注被成年人所忽略的細節，而這些細節可能會使時間感延長。

大腦中的路徑

隨着年齡的增長，大腦中的路徑變得越來越複雜，因此信號沿着它們傳播需要更長的時間。這意味着老年人在相同的客觀時間內看到的圖像較少，因此時間似乎過得更快。

藥物如何影響時間知覺？

多巴胺是參與時間處理的主要神經遞質。一些藥物，如甲基苯丙胺，能激活多巴胺受體，加快我們對時間的感知。

當我們**睡着**時，對**時間**的感知就暫停了。 ᙆᙆᙆ

甚麼是個性

　　個性讓我們成為自己。個性是一組行為特徵，形成了人們在生活中的選擇和對事件的反應，人們發明了各種各樣的系統來評估和分類各種個性。

可改變的個性

　　從成為受精卵的那一刻起，DNA 就開始塑造人的個性，例如，使我們產生某種神經遞質多於另一種，或是與他人相比，對荷爾蒙不那麼敏感。這在一定程度上影響了人內在的氣質，甚至是最終的個性。然而，除了基因，人的經歷和所處的環境也對個性的塑造起一定的作用。

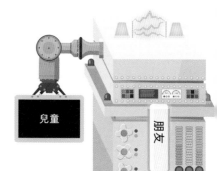

兒童

朋友

學校

父母

成為你
大腦在成長過程中按着既定的模式逐漸成熟，並隨着經歷發生改變。經常使用的神經路徑變得更強，我們或多或少地對神經遞質和激素產生反應，這會改變我們的個性。

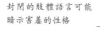

封閉的肢體語言可能暗示害羞的性格

2 培養個性
　　整個童年，腦的變化十分迅速，我們的經歷也影響着我們的個性。家庭、幼兒園或學校的朋友及和朋友的相處，都對個性的培養有很大的影響。

家

家人

看護

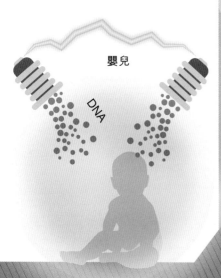

嬰兒

DNA

1 早期的脾氣
　　由於基因在形成個性中有一定作用，即使是剛出生的嬰兒，其行為也各不相同。例如，有些嬰兒似乎對噪聲或干擾非常敏感，而相比之下，其他嬰兒則幾乎注意不到。

同卵雙胞胎有相同的性格嗎？

DNA 相同的同卵雙胞胎比非同卵雙胞胎有更多相似的性格。但同卵雙胞胎也因為他們出生後各自不同的經歷，而在性格上有所差異。

手臂交叉可能表示防衛狀態或不安全感

衣着反映個性

3 **成人的個性**
除學校或朋友等環境因素影響以外，人的性格會發生改變，也因為大腦直到我們 20 歲出頭時才發育成熟。在整個成年期，性格會持續發生微妙的變化。

成人

腦與個性

科學家們試圖將不同的個性類型與腦結構聯繫起來，但結果好壞參半。我們知道腦損傷，特別是額葉區域的損傷，會對人的個性產生影響，而研究發現人的一些個性特徵的不同，與腦結構或腦活動的差異有關。然而，到目前為止，人類的腦和行為的複雜性，使得這些聯繫難以被清晰地揭示出來。

性格測試

最常見的性格測試方法是五類人格測試，它根據五個特徵來確定一個人的得分：開放性、嚴謹性、外向性、宜人性和神經質。在這個測試中，一個人被置於每個特質的天平上，其中一端代表最不可能表現出這個特質，而另一端則代表最可能表現出這個特質。

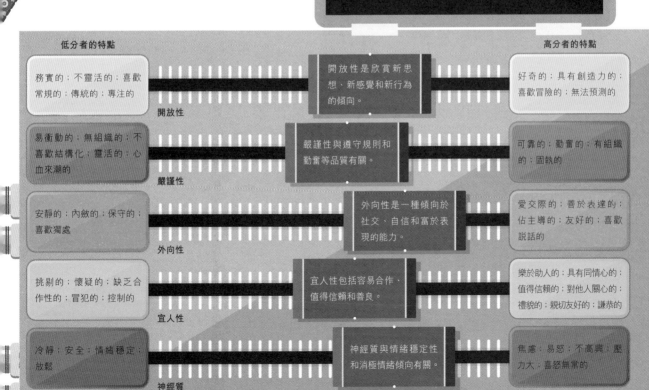

低分者的特點		高分者的特點
務實的；不靈活的；喜歡常規的；傳統的；專注的	**開放性**是欣賞新思想、新感覺和新行為的傾向。	好奇的；具有創造力的；喜歡冒險的；無法預測的
	開放性	
易衝動的；無組織的；不喜歡結構化的；靈活的；心血來潮的	**嚴謹性**與遵守規則和勤奮等品質有關。	可靠的；勤奮的；有組織的；固執的
	嚴謹性	
安靜的；內斂的；保守的；喜歡獨處	**外向性**是一種傾向於社交、自信和富於表現的能力。	愛交際的；善於表達的；佔主導的；友好的；喜歡說話的
	外向性	
挑剔的；懷疑的；缺乏合作性的；冒犯的；控制的	**宜人性**包括容易合作，值得信賴和善良。	樂於助人的；具有同情心的；值得信賴的；對他人關心的；禮貌的；親切友好的；謙恭的
	宜人性	
冷靜；安全；情緒穩定；放鬆	**神經質**與情緒穩定性和消極情緒傾向有關。	焦慮；易怒；不高興；壓力大；喜怒無常的
	神經質	

自我

自我是關於我們是誰、過去曾是誰，以及未來想成為誰的認識積累。人以不同的方式獲得自我意識，意識到自己是有形的存在，是自己行為的主導者，也是社會的一部分。

甚麼是自我？

自我是內在的意識，通過對世界的經驗性評價而發展起來。自我由兩個方面構成：身體自我（我們是有形的存在）和精神自我（可以看作是我們的自傳記憶）。腦中幾個區域相連有助於自我意識的形成。身體自我是由告訴我們身體如何佔據空間的大腦區域產生的，而令我們反思自己的精神狀態和找回記憶的大腦區域，則促進了精神自我的形成。

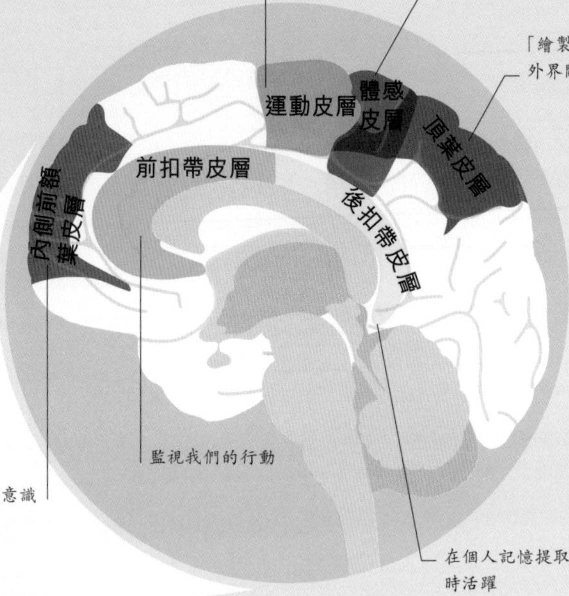

檢測身體的相互作用；確認身體的界限

探測身體的感覺；反覆提身體自我

「繪製」身體及其與外界關係的地圖

運動皮層

體感皮層

頂葉皮層

前扣帶皮層

內側前額葉皮層

後扣帶皮層

監視我們的行動

負責精神狀態和個性的意識

在個人記憶提取和社會交往時活躍

鏡子測試

為了確定一個人（或動物）是否有能力識別鏡子中的自己，可使用鏡子測試。在受試者的臉上畫一個標記，看他們是否會把它擦掉。如果他們擦掉了，這表明他們有自我意識。人類的這種能力在大約兩歲時發展起來。

大人知道鏡中的人是她自己，所以指着自己的鼻子

嬰兒不能把鏡中的人認作自己，所以指着鼻子上有記號的「其他」嬰兒

現實自我與理想自我

　　有時我們認為自己是誰（真實自我）和我們渴望成為誰（理想自我）之間會有差別。我們如何感知真實自我，隨着社會環境的反饋和挑戰而變化。一些心理學家認為，當真實自我接近理想自我時，我們就能過上平衡、幸福的生活。

身心合一
當真實自我和理想自我之間的差異很小時，我們被稱為是「一致的」。

較小的重疊表明真實自我並不能反映理想自我

大量的重疊表明真實自我與理想自我相似

現實自我　理想自我

現實自我　理想自我

不一致

一致

自我和身份認同

自我是我們感知和評價自己的第一人稱表述。身份包括特定的信仰和特徵，可以用來定義一個人，並將他們與其他人區分開來。

自我的發展

　　自我的概念，始於我們對於自己是一個與其他物體和人不同的個體。這種基本的自我感覺發生在出生後不久，但直到兩歲時，我們才開始對「我們是誰」形成一個更複雜的看法。

我受人喜歡嗎？

我3歲了。

我很好。

狗能認出鏡子裏的自己嗎？

狗不能認出鏡子裏的自己，無法通過鏡子測試。但一些科學家認為，這項測試可能不適用於那些不以視覺為主要感覺的動物。

2歲

3～4歲

6歲

自我描述
到了2歲，蹣跚學步的孩子開始稱自己為「我」。他們經常像別人認為的那樣來描述自己。

自我感覺的分類
幼童以屬性和類別來定義自己，這些屬性和類別通常是具體的，例如年齡或頭髮的顏色。

與同齡人進行比較來定義自己
到了學齡期，孩子們開始把自己和同齡人做比較。在這個時期，關於自己的很多信念都源於別人對自己的反應。

60% 的社交媒體用戶表示，社交媒體會對他們的**自我感覺**產生**負面**影響。

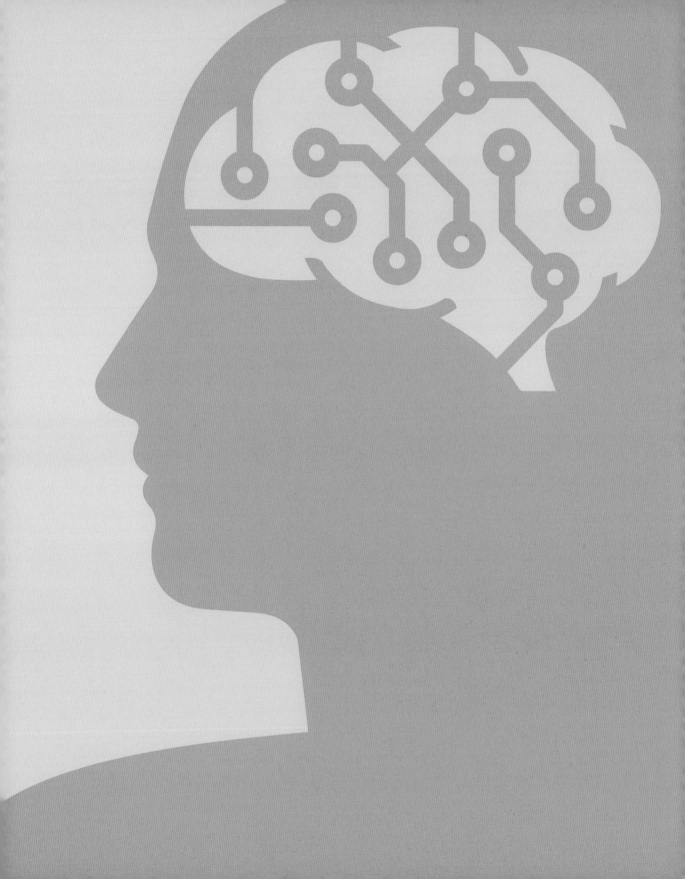

未來

的腦

超級感官

最新的電子設備幾乎可以與我們的眼睛和其他感官相媲美。未來的電子設備不僅可能幫助人體恢復失去的感覺功能，甚至能擴大我們的感覺範圍。

傳播視覺和聲音

人工耳蝸於 20 世紀 70 年代問世，視網膜植入物於 2011 年首次出現，分別幫助有嚴重聽力和視力問題的人。攝像機和麥克風捕捉光和聲音，並將它們轉換成信號，傳送到處理單元。這就產生了一個數字「地圖」，地圖數據通過無線信號傳輸到植入物，植入物通過神經脈衝將數據發送到腦的相關感覺區域。

超感官知覺

有些人報告説，他們接收到的信息或意識不可能來源於已知的感官輸入。這種現象被稱為超感官知覺 (ESP)，通常表現為突然回憶起被遺忘的經歷。未來的研究還可能揭示人類探測磁場和其他現象的自然能力。

掃描顯示，在報告具有超感官知覺的人腦中，右腦半球活躍度更高

視網膜植入物

植入視網膜微電極陣列

3 傳輸到植入物的數據
中繼器將無線信號發送到眼球側面的假體觸鬚。觸鬚將信號沿着導線傳輸到植入眼睛內的視網膜陣列。

電極刺激嗅球

錄像機

照相機捕捉影像

聽覺皮層

導線與植入鼻孔的電極相通

角膜

視網膜植入物

導線連接到電極

電子嗅探器
一些「電子鼻」複製人體蛋白質作為受體，當與某種物質接觸時，產生沿電線傳播的電脈衝。

視神經將視網膜深層細胞的脈衝傳導到視覺皮層

中繼發射器將信號無線發送到眼球上的觸角

空氣中的氣味和分子進入鼻腔

1 攝像機
戴在眼鏡上的一個或兩個小攝像機形成來自入射光線的圖像。圖像被轉換成電信號，並通過電線發送到便攜式短片處理單元 (VPU)。

2 短片數據
這款智能手機大小的短片處理單元 (VPU) 可以佩戴在身體上，也可以植入身體。它可以將攝像頭的短片信號，轉換成由點或像素組成的數字「地圖」。它將這些信息通過電線發送到安裝在眼鏡上的接收器，即收發兩用機。

4　植入物向腦發送數據
　　視網膜陣列是一個電子柵格，它繞過有缺陷的光探測細胞，向視網膜更深層的細胞發送信號。這些更深層的細胞產生神經衝動，並傳遞到視覺皮層。

腦的觸摸區接收來自人造皮膚的信號

腦的聽覺區接收來自人工耳蝸的信號

視覺皮層

攝像機的信號傳遞至短片處理單元

信號沿着短片處理單元的電線傳輸

人造皮膚

人造皮膚的進化形式包含帶有半球形電子傳感器的石墨烯片。諸如溫度和壓力等物理變化拉伸或擠壓這些傳感器，產生電信號，然後傳輸到腦的體感皮層。

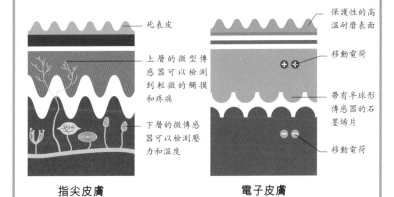

死表皮

上層的微型傳感器可以檢測到輕微的觸摸和疼痛

下層的微傳感器可以檢測壓力和溫度

保護性的高溫耐磨表面

移動電荷

帶有半球形傳感器的石墨烯片

移動電荷

指尖皮膚　　　　　電子皮膚

電子嗅探器檢測氣味的**準確率**約為 **97%**。

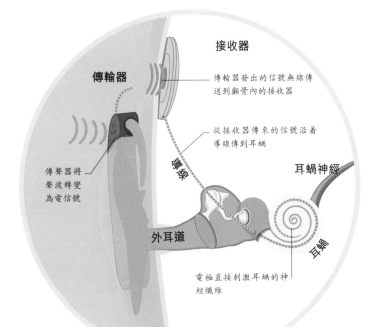

接收器

傳輸器

傳輸器發出的信號無線傳送到顱骨內的接收器

從接收器傳來的信號沿着導線傳到耳蝸

導線

耳蝸神經

傳聲器將聲波轉變為電信號

外耳道

耳蝸

電極直接刺激耳蝸的神經纖維

人工耳蝸
許多人工耳蝸設計繞過了外耳和中耳的部分損傷部位及內耳的感覺細胞，它們通過直接向耳蝸神經纖維提供微小的電信號來工作。

1 運動皮層

腦的運動中樞形成了運動神經衝動的模式，這些運動神經衝動可自然地協調手臂和手指運動的大量肌肉。

體感皮層 — 運動皮層

連接腦

直到目前，只有腦可以控制身體的肌肉和腺體。但二代電子、機械和機械人設備正在擴展其能力，這些設備通常用於在人喪失肢體後彌補其肢體功能。

仿生肢體

現在已經有了電動仿生肢體，可對腦運動皮層的活動和對運動神經發出的微小電脈衝做出反應。這些功能日益強大的假肢還可以提供感官反饋，使腦的控制系統能夠提供精細的持續控制，更接近於自然肢體或身體的其他部位。

電線將電子信號傳送到手持伺服系統

脊髓與手臂的神經相連

2 發送脈衝

從腦發出的運動神經脈衝通過脊髓，沿着周圍神經傳至手臂和手部。

神經活動的模式

3 微處理器

微芯片將神經脈衝轉變為可被仿生部件的電路及發動機理解的數字信號。

脈衝轉變為電子信號

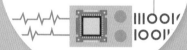

4 仿生手

最多可有 10 個伺服系統（小的、輕的摩打）驅動着手和手指的運動，在自感應接頭處旋轉。

手部接收到處理過的信號，並將其轉變為動作

正中神經、橈神經和尺神經

雙向溝通

運動皮層控制着仿生部分的運動。與自然肢體一樣，它們通過與體感皮層的交互而不斷「調節」。

6 意念感知

接下來，這些感覺信號以更自然、能被腦理解的方式傳遞到腦的感覺中樞——體感皮層。

電子脈衝

仿生手的運動脈衝

來自仿生手的感覺信號

5 感官數據

在手部的摩打、關節和人造皮膚上的受體產生回應。

IOIIIOOIOIOOIIO
OIIOOIIIIOOIOIOI
OIIOOIOIOOIIIIOI

機械人手臂產生的反饋信號是數碼形式的

深部腦刺激（DBS）

在深部腦刺激中，電極被植入腦的不同部位（見下文）以治療一系列疾病。它們從產生器和「胸部」與電極相連的電池中發出電脈衝，並由遙控器對脈衝進行調節。在自適應深部腦刺激中，電極有傳感器，產生器可自動響應腦的電活動。

用於**深部腦刺激**的**脈衝產生器**的**電池**可大約使用**九年**。

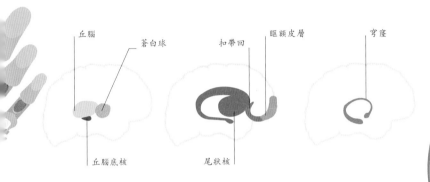

運動障礙
深部腦刺激可用於治療運動障礙，如震顫、帕金遜病（中的「凍結」狀態）、痙攣及收縮肌張力障礙。

精神疾病
當其他治療如藥物治療無效時，深部腦刺激可用於治療嚴重的焦慮、抑鬱和強迫症。

認知障礙
有關深部腦刺激的研究探索，如在阿爾茨海默病中，使用靶向刺激腦深部及記憶和認知神經網絡的特殊結構。

第一個仿生肢體是甚麼時候出現的？

1993 年，愛丁堡瑪格麗特・羅斯醫院的一羣生物工程師為截肢患者羅伯特・坎貝爾・艾爾德創造了第一個仿生手臂。

迷走神經刺激

迷走神經是顱神經（參見第 12 頁）之一，它將腦與胸腹部的器官相連。在迷走神經刺激（VNS）中，胸部的一個類似心臟起搏器的小信號發生器通過電線連接到頸部左側迷走神經周圍的電極上。神經的感覺纖維受到刺激，向腦發送脈衝，這些感覺纖維分佈在不同的神經通路上。迷走神經刺激主要用於治療癲癇和抑鬱症。

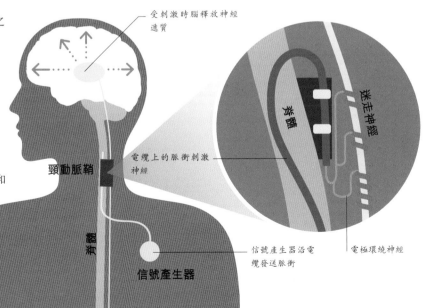

受刺激時腦釋放神經遞質

脊髓

迷走神經

電纜上的脈衝刺激神經

頸動脈鞘

脊髓

信號產生器沿電纜發送脈衝

電極環繞神經

信號產生器

未經探索的腦

新的研究表明，腦中一些眾所周知的部分具有意想不到的功能。尤其是「下腦」區域，比如腦幹和丘腦，這些區域曾經被認為大部分是被動的，只扮演自動化的角色。

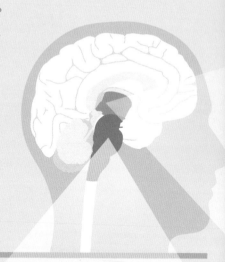

發現潛能

用最先進的掃描方法可以探測大腦皮層下的區域，了解它們對有意識的思維和行為的貢獻。這些技術包括可檢測神經元產生的磁場的腦磁圖描記術（MEG）、檢測局部血流和氧合的變化來監測腦活動的功能性磁共振成像（fMRI）、近紅外光譜（NIRS）。

腦幹和情緒

腦幹不只是負責日常生活的腦區域，它還在人們的行為，尤其是情緒方面非常活躍。心情和感覺甚至被特定的神經核（神經細胞團）主導。這些區域可以被電極或化學物質控制，以治療抑鬱症、焦慮症和驚恐症等疾病。

中縫背核
中縫背核是血清素的主要來源。中縫背核若出現了問題，會導致憂鬱、焦慮和情緒低落。

藍斑
藍斑是去甲腎上腺素的主要產生場所，其故障可能會引起強烈的情緒、壓力和記憶力下降。

腳橋核
腳橋核在注意力集中和專注力，以及肢體運動等身體活動方面都起作用。

導水管周圍灰質
導水管周圍灰質圍繞着大腦導水管通道，這個神經核是疼痛應對系統的主要組成部分。

中腦腹側被蓋區
中腦腹側被蓋區在動機、學習和獎賞方面起核心作用，並與多動症等疾病有關。

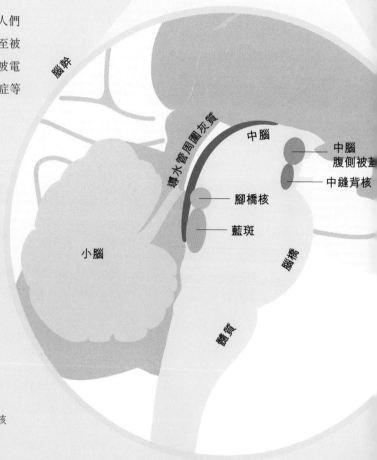

腦幹

導水管周圍灰質

中腦

中腦腹側被蓋

中縫背核

腳橋核

藍斑

小腦

腦橋

髓質

丘腦

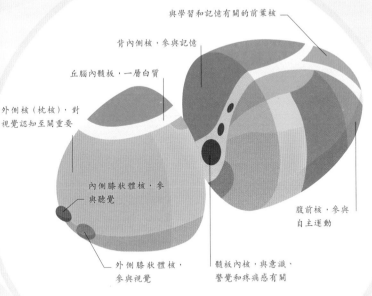

與學習和記憶有關的前葉核

背內側核，參與記憶

丘腦內髓板，一層白質

外側核（枕核），對
視覺認知至關重要

內側膝狀體核，參
與聽覺

腹前核，參與
自主運動

外側膝狀體核，
參與視覺

髓板內核，與意識、
警覺和疼痛感有關

丘腦的神經核

對不太為人所知的神經核的研究揭示了許多令人驚訝的發現。例如，研究發現，枕核幫助視覺中心繪製和測量外部場景，以及如何接觸到該處的物體。

腦的中轉站

眾所周知，丘腦是所有輸入感覺信息（嗅覺除外）的中轉站，但現在有更多關於丘腦如何通過複雜和選擇性的方式預先處理這些信息，然後再傳遞到大腦皮層的感覺區。丘腦也是調節覺醒的中樞，當其與海馬體相連時，在記憶中起着重要的作用。對丘腦的深部腦刺激被用來治療包括震顫在內的眾多疾病。

> 儘管**視交叉上核**具有全身效應，但它只包含 **20000 個神經元**，比這個字母 **O** 還小。

大腦的所有部位都被發現了嗎？

還沒有。2018 年，改進後的顯微鏡發現了腦脊髓交界處的一個小區域，被命名為「內胚層核」。

視交叉上核

位於下丘腦的視交叉上核（SCN）決定了人體的晝夜節律，也就是人在 24 小時內的睡眠及覺醒週期。這個生物鐘驅動着重要的穩態功能，包括維持體溫、進食和激素水平。視交叉上核還協調許多器官的活動。終有一天可以用微型電極或激光對這些循環和模式進行調整。

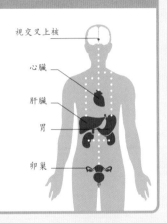

視交叉上核

心臟

肝臟

胃

卵巢

人工智能

隨着電腦越來越複雜巧妙，其最終目標是開發出一種能通過圖靈測試的機器，與這種機器「交談」的人分辨不出自己是在跟另一個人談話，還是在跟機器對話。

Dropout 模式

許多電子神經網絡是分階段進行分析和處理的。在 dropout 模式下，電腦評估某一特定信息的有用性。如果評估結果為沒用，則將其移除。

模仿人腦

被稱為「神經網絡」的電腦程序試圖通過使用分層排列的人工神經元來模仿人腦的工作方式。受到人們學習方式的啟發，神經網絡可以隨着時間的推移調整和改變其反應（見右圖），這一特性被稱為機器學習。為了更緊密地複製人腦高度適應性的廣義智能，一種更先進的稱為「適應性遺忘」的技術應運而生。這種技術包括查詢、修改和刪除數據。例如，可以修剪或刪除網絡上系統反饋顯示很少使用的數據，這就叫 dropout。減少這些冗餘的數據會產生一個更緊湊、反應更快的系統。

人工神經元

標準神經網絡

輸入　　　　　　隱藏層　　　　　　輸出

1 輸入層
網絡接收值或數字形式的輸入信號。例如，在圖像識別系統中，輸入可以是數字圖像中單個像素的亮度。

2 隱藏層
隱藏層處理從輸入層接收的數據。隨着時間的推移，網絡一直在「學習」，通過對值應用不同的權重來修改其結果。

3 輸出層
一旦處理完畢，數據就會傳遞到輸出層。在圖像識別系統中，輸出的是應用程序對圖像顯示內容的「猜測」。

機械人會接管世界嗎？

「人工智能接管」聽起來像科幻小說，但它理論上是可能的。這很大程度上依賴於「對人類友好」的電腦阻止自我進化的電腦超越人類。

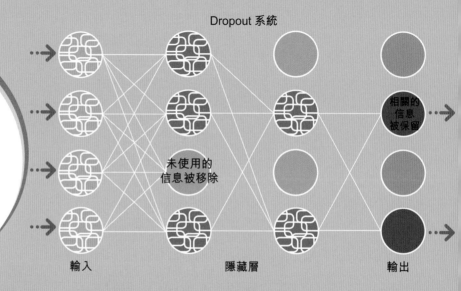

Dropout 系統

未使用的信息被移除

相關的信息被保留

輸入　　　　　　隱藏層　　　　　　輸出

記憶迴路的形成

　　在腦中模擬數字電子迴路意味着儲存和回憶信息。在人腦中，記憶涉及重複使用神經元之間的特定通路，加強它們的連接（突觸），形成一個「記憶迴路」。在電子學中，一種正在開發的稱為記憶電阻器（或憶阻器）的器件也具有類似的功能。

圖例

〰 大阻力

〰 小阻力

2019 年，一個名為 PLURIBUS 的**人工智能**程式擊敗了 5 名**頂級撲克玩家**。

1　靜息模式
　　神經脈衝一組神經元之間隨機傳遞。此處只顯示了三個，但實際可能有數千個。一些突觸連接可以很輕鬆地把它們傳遞出去，另一些就不那麼容易了。這種傳遞沒有整體模式，也沒有明確的結果。

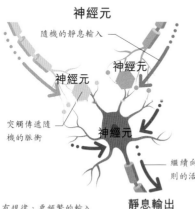

神經元

隨機的靜息輸入

神經元

神經元

突觸傳遞隨機的脈衝

神經元

繼續向前傳遞不規則的活動

靜息輸出

2　記憶通路
　　在特定的模式中，反覆出現的、更頻繁的脈衝代表着一個動作或事實被記憶。隨着時間的推移，反覆使用的突觸之間的聯繫增強了，這一特徵被稱為長時程增強作用（LTP，參見第 26 ～ 27 頁及 136 ～ 137 頁）。

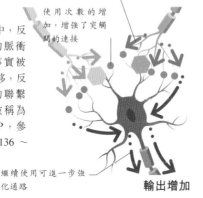

有規律、更頻繁的輸入

使用次數的增加，增強了突觸間的連接

繼續使用可進一步強化通路

輸出增加

1　靜息模式
　　一組記憶電阻器接收同等的輸入，並允許信號通過。和神經元一樣，這些信號的傳遞沒有整體的模式，電路也幾乎沒有變化。

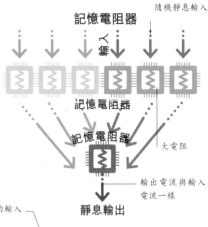

隨機靜息輸入

記憶電阻器

輸入

記憶電阻器

記憶電阻器

大電阻

輸出電流與輸入電流一樣

靜息輸出

2　記憶電阻器通路
　　更強的輸入到達某些記憶電阻器，從而改變它們的電阻，電阻即 LTP 的電子量。隨着時間的推移，信號進一步強化該通路，便形成了一個可識別的模式。

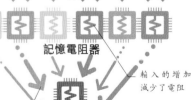

有規律的輸入

輸入

記憶電阻器

輸入的增加減少了電阻

輸出電流比輸入電流更大

繼續使用則進一步強化通路

輸出增加

電子感應

　　心電感應是人腦之間假設繞過了視覺等感官的直接交流。在電腦方塊遊戲實驗中，以腦電讀數的形式，從兩個玩家的腦中收集到旋轉方塊的指令，然後通過一個經顱磁模擬（TMS）帽將指令傳送給第三個玩家。

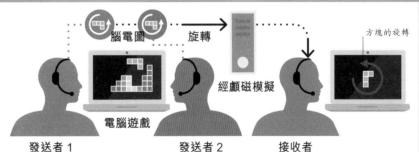

腦電圖　旋轉

電腦遊戲

經顱磁模擬

方塊的旋轉

發送者 1　　發送者 2　　接收者

擴展的腦

醫學上使用電極植入物、磁場、無線電波和化學物質來治療大腦疾病。這些技術還能增強正常的大腦功能。

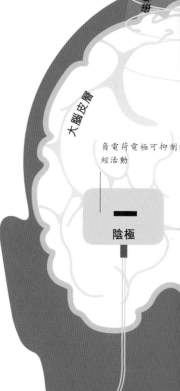

經顱磁刺激手杖

靠近（但不接觸）患者顱骨的手杖

磁場

大腦皮層

負電荷電極可抑制神經活動

陰極

增強腦的能力

「超頻」是指電腦內部時鐘加速，可協調所有的電路，推動組件更快、更「努力」地工作。與電腦一樣，人腦使用神經脈衝形式的微小電信號，從而增加了其被加速的可能性。根據受刺激區域的不同，這可能會提高人的注意力和專注力、信息處理能力和記憶力。

加速腦運轉是否安全？

到目前為止，有證據表明經顱直流電刺激是安全的。數以千計健康的人參加了經顱直流電刺激的實驗，沒有發現不良反應。

納米神經機械人

例如，研究人員正在開發幾乎是分子大小的機械人植入物，以傳遞醫療藥物。專門傳送程式化電信號的二代神經機械人，可以加速神經元的工作方式和它們處理神經脈衝的方式。

海馬假體可將記憶能力提高 **37%**。

經顱直流電刺激（tDCS）

在經顱直流電刺激中，直流電以恆定的低強度通過大腦，在附在皮膚上的襯墊樣電極之間傳遞。經顱直流電刺激有助於治療抑鬱症和緩解疼痛。目前，正在進行通過經顱直流電刺激增強一系列認知功能（從創造力到邏輯推理能力）的研究。研究中經顱直流電刺激與經顱磁刺激技術被同時使用，但這些技術實際上並不同時使用。

形成電路閉環的電線

抑制腦活動

在陰極經顱直流電刺激中，電流與大腦自身的電活動呈負相關。這有減緩或抑制神經細胞的作用，例如，緩解多動症的症狀。

包在塑料外
殼中的線圈

活化的神經元

皮層之內

磁場

靜息神經元

經顱磁刺激技術

在經顱磁刺激中，電流脈衝通過線圈，產生穿透顱骨的磁性，影響腦細胞及其脈衝。可改變線圈的位置和運動及脈衝的強度和時間，對特定的腦區域進行調整。經顱磁刺激技術被用於多種腦和行為狀態的測試，也可用於提高思維能力和其他心理過程。

磁脈衝
在使用磁力線圈時，其極性會被改變，並產生穿透頭皮的磁脈衝，這就產生了周圍神經元的電活動。

正在被刺激的大腦區域

正電荷的電極能刺激腦的神經活動

神經顆粒系統

無線電波提供能量

皮層表面的神經顆粒與神經元形成連接

提供無線電源和監控的皮膚貼片

植入的神經顆粒，網或鏈

＋

陽極

神經顆粒
科學家們正在開發一種技術，其中數以萬計的「神經顆粒」各自獨立地與一個神經元連接，並將數據發送到頭皮上的一個電子貼片上。

人工海馬體

嵌入式微處理器和儲存芯片

電池提供恆定電流

刺激腦活動
陽極經顱直流電刺激利用正電流加速神經細胞的活動。皮膚電極的位置決定了哪些腦區被喚醒。測試表明，即使在電流停止後，這種影響也會持續下去。

記憶芯片

電子設備可以通過增加更多的內存來擴展能力，通常是以微芯片的形式。人腦也可以進行類似的升級。接收、儲存和發送數據的微型設備正被做成超細網、鏈和顆粒的形式，將其植入大腦皮層表面或內部，可與單個神經細胞建立聯繫，並幫助這些神經細胞思考和記憶。芯片可以促進海馬體的記憶功能，比如長期記憶。

全球腦

萬維網的公開使用始於 1991 年。現在，開發一個可以讓腦與雲連接的系統已成為可能。

人腦／雲端界面（B/CI）

科技發展快速，人們正在爭相嘗試使用人腦／雲端界面將人腦連接到龐大的雲端電子網絡中。一個人最終可能獲得大量的人類和電子的知識，現階段我們仍需克服許多挑戰。例如，必須控制數據傳輸的速度，否則傳入的信息可能會過多，使我們的意識完全超載。因此，必須從一開始，保護每個人的腦。

設計上的挑戰

設計一個人腦／雲端界面涉及許多關鍵要素：與人腦本身的連接、將人腦的神經活動無線傳輸到本地電腦網絡的方法，以及建立該網絡與雲端互動的方法。

甚麼是雲端？

雲端是一個巨大的、全球的、由主要電子設備交織而成的網絡。通過雲端，軟件和服務可以在互聯網上運行，而不僅僅局限於個人電腦。

包含很多服務器的集羣比許多城鎮都大

1 雲端

雲端包括巨型數據庫、服務器集羣、巨型處理器和超級電腦。這些設備實時一同工作，接收、儲存、管理信息，並將信息發送到數百萬部單獨的電腦和與之相連的其他設備。

數據中心

隨着人腦／雲端界面的使用越來越多，個人電腦的使用可能會逐漸消失

2 與雲端交流

電腦和智能設備可以相互連接，也可以通過互聯網與雲端通信。連接到互聯網的智能設備的數量，是現今全球人數的兩倍多。如果人腦也能加入雲端，它將變得更加繁忙。

到達雲端

決定讓哪些人的大腦與雲端相連接引發了很多社會和經濟問題。其未來的應用可能包括提高醫療診斷的準確性。但同時，需要考慮一些問題：誰可以首先使用這項技術？是那些需要它的人、還是能夠最大限度開發它的人，抑或是那些有能力支付費用的人？

納米機械人

大腦納米機械人
植入大腦皮層的神經機械人，可藉助自身的微定位導引在血管中穿行，充當着傳送器和接收器之間的媒介。

伸縮臂起着天線的作用

植入物可以將腦的不同區域連接起來，也可以將腦的區域與界面相連

神經織網

頭皮

大腦皮層

植入的織網展開

皮層內網
神經織網是一個電極的超細網狀結構，這些電極形成了一個數據的收集和分散區域。它也可以用作無線天線。

3　神經植入物
當前一些技術競爭激烈，以實現早期形式的人腦/雲端界面。這些技術包括神經織網、各種類型的納米機械人和被稱為神經塵埃的亞納米顆粒。神經塵埃允許通過體內由超聲波供電的微型植入式設備，與人腦進行無線通信。

腦的疾病

頭痛和偏頭痛

頭痛可分為鈍痛、劇痛或搏動性痛，其發病可急可緩，持續時間短則一小時內，長則幾天。偏頭痛患者有嚴重的頭痛發作，通常伴有感覺障礙、噁心和嘔吐。

有多種原因可導致頭痛，最常見的是緊張性頭痛，在這種情況下，疼痛往往是持續的，疼痛部位位於前額或頭部更廣泛的區域。它可能伴隨着眼睛後面的壓力感或頭部周圍的緊繃感。緊張性頭痛通常是由壓力引起的，壓力會引起頸部和頭皮肌肉的緊張。有人認為，肌肉的緊張又反過來刺激這些區域的疼痛感受器，後者向感覺皮層發送疼痛信號，導致頭痛。另一種形式的頭痛是叢集性頭痛，包括持續時間相對較短的嚴重疼痛發作。

作時轉移。偏頭痛通常包括四個階段，其強度和持續時間各不相同（見下文）。其根本原因尚不清楚，但研究表明，這可能是由於腦中神經元活動激增，最終刺激感覺皮層，導致疼痛。偏頭痛的誘因包括情緒衝擊或壓力；疲倦或睡眠不足；誤食某些食物，如奶酪或巧克力；脫水；荷爾蒙變化（對許多女性來說，偏頭痛與月經有關）；天氣變化或悶熱的氣候。

信號從下丘腦和丘腦傳遞到皮層

大腦皮層接收疼痛脈衝，產生疼痛感

大腦皮層

丘腦

下丘腦

延髓接收到來自腦膜的疼痛信號

延髓

偏頭痛的發生途徑
當偏頭痛正在發作時，起源於腦膜的疼痛信號被傳遞到神經核，然後通過下丘腦和丘腦傳遞到皮層的各個區域。

偏頭痛

偏頭痛通常發生於一側眼區、太陽穴或一側頭部，疼痛區域可以在發

偏頭痛是遺傳性疾病嗎？

偏頭痛常在家族中發生。某些基因結合在一起會增加偏頭痛的發病率，但偏頭痛的發生也涉及一些環境因素，如壓力或荷爾蒙。

偏頭痛發作

偏頭痛的發作可能始於早期的先兆症狀，包括焦慮、情緒變化、疲勞或精力過剩。之後，有時會出現一些警告性症狀，包括：閃光和其他視覺扭曲；僵硬、刺痛或麻木；說話困難，協調性變差。偏頭痛的主要階段包括：劇烈的搏動性頭痛，可由於運動、噁心或嘔吐加重；不喜歡明亮的光線或響亮的噪音。其後期通常伴隨着疲勞、注意力不集中和持續性易被激怒。

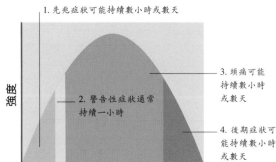

1. 先兆症狀可能持續數小時或數天

2. 警告性症狀通常持續一小時

3. 頭痛可能持續數小時或數天

4. 後期症狀可能持續數小時或數天

強度

時間

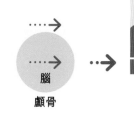

頭部受傷

　　頭部輕微震盪或僅頭皮受傷不會造成長期後果。然而，腦部的傷害可能是極其嚴重且致命的。

　　如果頭皮和顱骨都被穿透，可能會對腦造成直接傷害，而腦的間接傷害是由於頭部受到打擊但並未傷及顱骨所致。在這兩種情況下，頭部損傷都會導致血管破裂和腦出血。輕微的頭部損傷通常只產生輕微的、短暫的症狀，如瘀傷。但在某些情況下，可能出現腦震盪而導致意識混亂、頭暈和視力模糊，這些症狀可能會持續幾天，之後也可能出現健忘症之類的後遺症。

　　反覆的腦震盪會導致可被檢測到的腦損傷，如認知能力受損、震顫和癲癇。

　　嚴重的頭部損傷會導致無意識狀態或昏迷，通常還會導致腦損傷。在非致命病例中，腦損傷的後果可能包括身體虛弱、癱瘓、記憶力下降或注意力不集中、智力障礙，甚至人格改變。這種影響有可能是長期的或永久的。

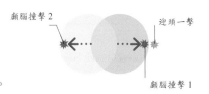

1 快速移動
　　當一個人快速移動時，例如騎單車或坐汽車時，頭骨和腦的移動速度是相同的。

顱腦撞擊 2　　迎頭一擊

顱腦撞擊 1

2 突然停止
　　在受到撞擊時，腦撞擊到顱骨前部，隨後反彈，並在撞擊到顱骨後部時受到二次傷害。

癲癇

　　癲癇是一種腦功能紊亂，其嚴重程度從輕微到危及生命。在癲癇發作中，由於腦中電活動異常，可出現反覆發作或是意識的改變。

　　癲癇的病因通常是未知的，但在某些病例中，可能是由腦部疾病，如腫瘤或膿腫、頭部損傷、中風或化學失衡所致。癲癇發作可能是全身性的，

也可能是部分性的，這取決於腦受異常電活動影響的程度。癲癇有幾種類型。癲癇大發作時（強直陣攣），在患者的四肢和身體開始不受控制地抖動

癲癇發作的類型大約有 60 種。

之前，身體通常會持續僵硬幾分鐘。在癲癇小發作時，儘管肌力被保留，但患者常會失去意識。

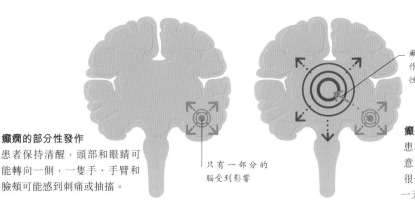

癲癇的部分性發作
患者保持清醒，頭部和眼睛可能轉向一側，一隻手、手臂和臉頰可能感到刺痛或抽搐。

只有一部分的腦受到影響

腦的大部分或全部受到影響

癲癇的部分性發作可能變成全身性發作

癲癇的全身性發作
患者可能變得沒有知覺或失去意識，全身性癲癇的發作時間很短，但可能很快再次發作或一天發作幾次。

腦膜炎和腦炎

腦膜炎和腦炎是主要由感染引起的炎症性疾病。兩者都會產生如突然發燒、頸部僵硬、對光線敏感、頭痛、困倦、嘔吐、精神錯亂和癲癇發作等症狀。

全球每年受腦膜炎影響的人數是 **100 萬**。

腦膜炎是腦膜受到感染，腦膜是保護腦和脊髓的膜，含有流經整個神經系統的腦脊液。當感染導致這些膜腫脹時，炎症最終會影響身體的每個部位。儘管任何年齡的人都可能發生腦膜炎，但免疫系統發育不全的幼兒是最危險的。腦膜炎的主要原因是微生物進入人體，可能是以細菌的形式進入，這樣會導致敗血症；也可能是以病毒或真菌感染的形式進入人體。然而，某些藥物，如麻醉劑，也含有可刺激腦膜的物質，從而引起腦膜炎。

腦炎

腦炎是由於感染或免疫系統錯誤地攻擊腦而引起的腦本身的炎症。任何年齡段的人都可能患上腦炎。腦炎會導致嚴重的症狀，如肌肉無力、突發性痴呆、意識喪失、癲癇發作，甚至死亡。

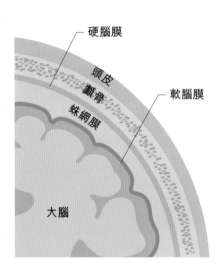

硬腦膜

頭皮
顱骨
蛛網膜

軟腦膜

大腦

感染部位
腦膜包含外層的硬膜、中層的蛛網膜和內層的軟腦膜。在所有形式的腦膜炎中，它們都會發炎並損害腦功能。

腦膿腫

腦膿腫又稱大腦膿腫，是指腦內充滿膿液並腫脹，通常是感染或嚴重的頭部損傷導致細菌或真菌進入腦組織所致。

腦膿腫的症狀可能發展得較為緩慢，但也可能發展迅速。這些症狀包括止痛藥無法緩解的局部頭痛、肌肉無力和口齒不清等神經系統問題、精神狀態改變、體溫升高、癲癇、噁心、脖子僵硬和視力變化。

腦膿腫通常由顱骨另一部分的感染引起，如耳朵感染或鼻竇炎；或身體另一部分的感染，如通過血液傳播的肺炎感染；或外傷，如顱骨裂開的嚴重損傷。腦膿腫的評估和診斷是通過血液檢查、CT 或 MRI 掃描來完成的。藥物和手術是最常見的治療方式。

先天性心臟病

腦膿腫也可能是一組先天性（出生時即患病）紫紺性心臟病的罕見併發症。這種疾病會導致心臟和肺部的血液流動異常，使含氧不足的血液在體內循環。這種缺氧的血液使患兒的皮膚呈藍色，或發紺，嚴重限制了他們的體力活動。

短暫性腦缺血發作（TIA）

短暫性腦缺血發作 (TIA) 類似於中風（參見下文），當腦的血液供應被中斷時就會發生中風。然而，與中風不同，短暫性腦缺血發作只持續很短的時間。

短暫性腦缺血發作常被稱為「小中風」，可作為一種警告信號。短暫性腦缺血發作的症狀通常在一小時內消失，類似於中風早期的症狀。症狀包括突然感覺虛弱、癱瘓或面部、手臂、腿部麻木，通常出現在身體的一側；言語含糊，難以理解他人；失明或復視、頭暈、失去平衡或協調性；以及突然出現原因不明的嚴重頭痛。根據所涉及的腦區域的不同，其症狀也可能相似或不同。

尋求治療

短暫性腦缺血發作通常發生在中風前數小時或數天，因此短暫性腦缺血後應立即就醫。大約三分之一短暫性腦缺血發作的人會出現中風，其中大約一半會在短暫性腦缺血最初發作後的一年內發生 (中風)。

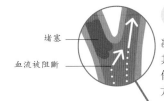

1 暫時的堵塞
當某些血液成份凝結時，就會產生血栓。其觸發因素包括頭部受傷、高海拔或不良生活方式。

堵塞
血流被阻斷

頸動脈為腦供血
腋動脈

血流恢復

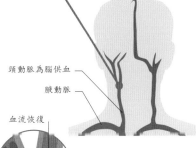

2 疏通堵塞
採用藥物稀釋血液或手術清除血栓，可以緩解阻塞，使血液正常流動。

堵塞物散開

中風和出血

中風是一種危及生命的疾病，發生於腦的血液供應被切斷時。中風主要有兩種類型：缺血性中風和出血性中風，每種類型都以不同的方式影響着腦。

在美國，每 **40** 秒就有一個人中風。

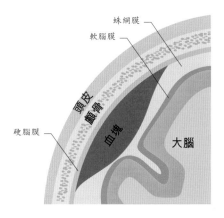

蛛網膜
軟腦膜
頭皮
顱骨
硬腦膜
血塊
大腦

硬膜下血腫（出血）
腦的保護性外層腦膜之間的出血會形成凝塊，對腦施加壓力，導致中風。

如果腦的血液供應減少或中斷，腦組織就會失去氧氣和營養。當這種情況發生時，腦細胞在幾分鐘內就開始死亡。中風可能是由缺血性的阻塞引起的，阻塞通常由血栓導致；也有可能是血液溢出到腦或其周圍組織 (出血性)，這通常是血管或動脈破裂的結果。

中風的症狀包括說話含糊不清；面部、手臂、腿部癱瘓 (下垂) 或麻木，但通常只發生在身體的一側；一隻眼或雙眼視力不好；突然的劇烈頭痛、頭暈和失去協調性。

腦內的血液

腦出血可由血管內形成動脈瘤的薄弱點引起，也可由血管凸起處的破裂引起，這種破裂常常是由於高血壓導致的。如果腦出血發生在腦周圍的兩層內膜之間，就叫作蛛網膜下腔出血。腦組織內出血 (腦出血) 的原因包括損傷、腫瘤或一些藥物的使用。

腦瘤

腦瘤是腦細胞以不正常的方式繁殖引起的。腦瘤可以發生在腦的任何部位，從腦和顱骨之間的顱內空間，到腦的內部均可發生。腦瘤可以是良性的，也可以是惡性的，其治療方式也因其良性和惡性而不同。

腦瘤的類型大約有130種，依據腫瘤的類型或其生長的區域分類。有些腦瘤的生長需要幾年的時間，但另一些就生長得更快，其惡性程度也更強。腦瘤可以發生在人的任何年齡或生命階段，其症狀和體徵各不相同。

大約24%的腦瘤發生於腦膜，腦膜是包圍和保護腦和脊髓的膜。如果發現得早，往往更容易治療。大約10%的腦瘤發生在腦垂體或松果體。

兒童的情況略有不同，大約60%的兒童腦瘤發生於小腦或腦幹，僅有40%的兒童腦瘤發生於大腦。

腦瘤的位置和類型

成年人最常見的腦瘤位於大腦。

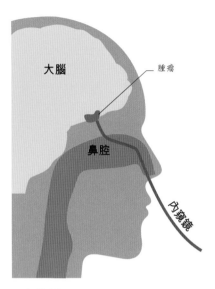

經鼻腦手術
外科醫生現在可以通過鼻子對一些腦瘤進行手術，這比將大腦暴露在外的開顱手術創傷小得多。

痴呆

痴呆是一個術語，用於描述一組與神經功能下降有關的疾病，通常發生在65歲以上的成年人身上，痴呆也有很多不同的類型。

無論由於流向腦的血液減少、蛋白質沉積的累積，還是其他形式的損傷，所有形式的痴呆都是一種進行性疾病。其症狀通常包括輕度健忘，這種輕度健忘可能演變成冷漠或抑鬱、社交能力下降及情緒失控。

在痴呆症的後期，患者可能失去同情心或感同身受的能力，也可能喪失日常活動的能力。患有痴呆症的人常常變得非常困惑，不認識所愛的人，也不知道他們在哪裏。他們可能產生幻覺和語言障礙；在做一些基本活動時也需要別人的幫助，比如進食或穿衣。

痴呆症的診斷

雖然目前痴呆症沒有治癒方法，但早期診斷和治療可以減緩神經衰退的速度。腦部掃描可突出顯示一個人的腦中受影響最大的區域，其掃描結果可作為調整治療方法的依據。阿爾茨海默病最易受影響的區域是大腦皮層。腦的這一部分包括海馬體，後者是新的記憶形成的地方。

痴呆的常見原因
痴呆症可以由各種疾病引起，以下列出了一些最常見的。
阿爾茨海默病
阿爾茨海默病是一種進行性疾病，一種被稱為斑塊的蛋白質體會損害患者的腦。
血管性痴呆
腦血流受損，如中風引起的腦血流受損，會導致腦功能下降。
路易體痴呆
腦神經細胞中的蛋白質沉積可影響思維、記憶和運動控制。
額顳痴呆
發生於腦前部和側面的一種痴呆形式，患者的行為和語言能力受損。
帕金遜病
大多數帕金遜病患者會發展為被認為與路易體有關的痴呆症。
克雅氏病
克雅氏病是罕見但發展迅速且致命的疾病，是由一種叫作朊病毒的傳染性蛋白質引起的。

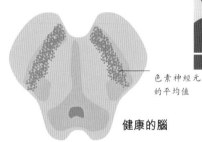

帕金遜病

帕金遜病是繼阿爾茲海默病後第二常見的退行性疾病，是一種神經系統疾病，通過破壞位於腦幹最上部的黑質中產生多巴胺的細胞，來影響患者的運動和活動。

手術能治療帕金遜病嗎？

深部腦刺激(DBS) 是指在患者的腦中植入電極，它能夠控制帕金遜病運動症狀，但不能治癒。

帕金遜病起病緩慢，發病有時始於一隻手開始輕微震顫。其他症狀包括肌肉僵硬、説話含糊不清及行動普遍減慢。在帕金遜病的早期，通常僅一側身體受到影響；但當 80% 的黑質死亡時，就會出現嚴重的殘疾。晚期患者需要人協助才能進行所有的日常生活。帕金遜病主要發生在 60 歲或以上的成年人，男性患者多於女性患者。

色素神經元的平均值

健康的腦

色素神經元顯著減少

患者的腦

黑質的改變
帕金遜病患者腦內黑質的改變影響了黑質的神經細胞，黑質是神經遞質多巴胺產生的地方。隨着黑質中神經細胞的死亡，多巴胺水平下降，減弱了患者的運動控制能力。

亨廷頓病

亨廷頓病是一種由基因突變引起的進行性腦疾病。其早期症狀包括易怒、抑鬱、不自主運動、協調性差、決策或學習新信息困難。

亨廷頓病最常見的類型是成人型亨廷頓病，通常發生於三四十歲的人羣中。每 10 萬歐洲血統的人羣中，有 3 ～ 7 人患亨廷頓病。發生於兒童或青少年的亨廷頓病較為罕見，一旦發生，會導致患者的行動問題，以及心理和情緒的變化。

青少年亨廷頓病的其他症狀包括動作遲緩、笨拙、經常跌倒、僵硬、説話含糊和流口水。同時，患者的思維和推理能力受損，影響其在學校的表現。此外，30% ～ 50% 的患兒會發生癲癇發作。青少年亨廷頓病進展十分迅速。

亨廷頓舞蹈病

許多亨廷頓病患者會出現被稱為舞蹈病的不自主抽搐運動，隨着疾病的發展，這種情況會變得更加明顯。他們可能會出現行走、説話和吞咽困難，也可能經歷人格變化和思維處理能力下降。成人亨廷頓病患者的預期壽命是其症狀開始後的 15 ～ 20 年。

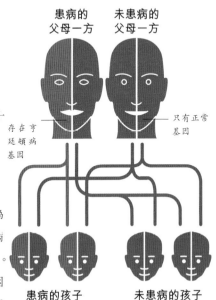

患病的父母一方　未患病的父母一方

存在亨廷頓病基因

只有正常基因

患病的孩子　　**未患病的孩子**

遺傳的類型
亨廷頓病屬於遺傳性疾病。當一個有缺陷的基因從患病的父母身上遺傳下來時就會導致孩子也患病。

多發性硬化症

多發性硬化症（MS）是一種同時影響腦和脊髓的疾病。有人認為，這是由於人體免疫系統誤傷了保護性神經鞘所致。

由蛋白質和脂肪組成的髓鞘細胞包繞着中樞神經系統的神經元，使信息能夠在腦和身體其他部分之間快速而平穩地傳遞。當多發性硬化症發生時，通常抵抗感染和炎症的免疫系統似乎把髓鞘誤認為是異物，用巨噬細胞攻擊髓鞘，破壞髓鞘並將其剝離。這種作用留下的瘢痕，或斑塊破壞了正常情況下沿神經纖維或軸突傳遞的脈衝。

神經信息的傳遞變慢、扭曲或根本無法傳遞。

多發性硬化症可能發生在任何年齡，但通常發生於二三十歲的青年。其早期症狀包括頭暈、視力改變和肌肉無力。而在疾病後期，患者的語言、行動和認知功能可能受到影響。多發性硬化症是進行性疾病，可導致患者殘疾。

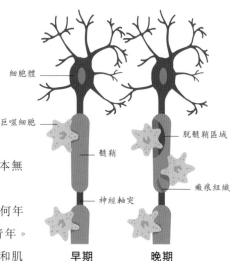

巨噬細胞的數量和多發性硬化症的分期
當多發性硬化症剛開始發病時，巨噬細胞會清除受損組織，有助於修復受損組織。然而，在疾病後期，巨噬細胞的數量增加，實際上加速了髓鞘的丟失，加劇了症狀的嚴重性。

細胞體
巨噬細胞
髓鞘
神經軸突
脫髓鞘區域
瘢痕組織
早期　　晚期

運動神經元病

運動神經元病（MND）是一個概括性術語，用來描述一組影響運動神經元的情況。運動神經元就是腦和脊髓中的神經，其作用是告訴身體所有的肌肉該做甚麼。

遺傳、環境和生活方式被認為是導致運動神經元疾病發生的因素。有研究對接觸重金屬或農用化學品、電氣或機械創傷、服兵役或過度運動等在運動神經元疾病發生中的作用進行調查，結果並不一致。然而，有些類型的運動神經元疾病確有遺傳基礎。進行性延髓萎縮（也被稱為甘迺迪病）是一種基因突變的結果，主要影響男性。甘迺迪病特別損害球狀的下腦幹，後者包含控制面部和喉嚨肌肉的神經元。

不管是甚麼原因導致的，大多數類型的運動神經元病都會引起包括全身肌肉無力和消瘦、抽筋、吞咽困難、進行性失語和四肢無力等症狀。其診斷包括核磁共振掃描、肌肉活檢、血液和尿液檢查。雖然目前沒有治癒運動神經元疾病的方法，但可通過控制症狀來提高患者的生活質量。

物理學家**史蒂芬·霍金**在被診斷出患有運動神經元病後活了 **55 年**。

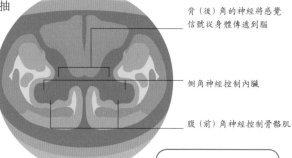

背（後）角的神經將感覺信號從身體傳遞到腦

側角神經控制內臟

腹（前）角神經控制骨骼肌

脊髓束
不同形式的運動神經元疾病涉及位於不同部位的神經束，這些神經束可位於脊髓的背角、側角和腹角。

圖例
- 上行束攜帶感覺信號
- 下行束控制軀幹和四肢

癱瘓

癱瘓的主要症狀是失去對身體某一部位運動的主動控制。癱瘓是按受影響的身體部位進行分類的，有時只有一塊肌肉或一個小肌肉羣受到影響，但也可能出現全身癱瘓，導致運動功能完全喪失。癱瘓可以是間歇性的，也可以是永久性的。

癱瘓可能影響身體的任何部位，包括面部、手、一隻手臂或腿（單癱）、身體的一側（偏癱）、雙腿（截癱），以及雙臂和雙腿（四肢癱）。身體也可能因偶爾的肌肉痙攣而變得僵硬或僵直（痙攣性癱瘓），或因鬆弛而出現鬆弛性癱瘓。

癱瘓的主要原因

癱瘓可以由損傷引起，也可以由許多不同的疾病引起，每種疾病都需要專業的評估。中風或短暫性缺血發作可導致面部一側肌肉突然無力、單臂無力或說話含糊不清。貝爾麻痺是一種突發性的虛弱，患者一側的臉部受到影響，同時伴有耳痛或面部疼痛。

此外，嚴重的頭部或脊髓損傷可引發癱瘓，而多發性硬化症或重症肌無力（一種影響神經和骨骼肌連接的疾病）可導致面部、手臂或腿部反覆虛弱無力。癱瘓的其他原因包括腦瘤、格林巴利綜合症、腦癱和脊柱裂。蜱傳萊姆病導致的癱瘓可能在最初被蜱蟲叮咬後幾週、幾個月或幾年後發病。

> ### 癱瘓最常見的原因是甚麼？
>
> 在美國，癱瘓最常見的誘因是中風，其次是脊髓損傷和多發性硬化。

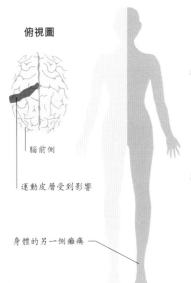

俯視圖

腦前側

運動皮層受到影響

身體的另一側癱瘓

偏癱
身體的一側受到影響的癱瘓，常常被認為是影響運動皮層的中風或腦瘤所致。此外，腦外傷也可能引起偏癱。

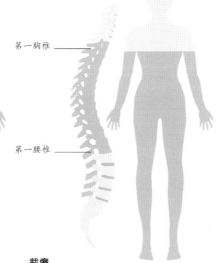

第一胸椎

第一腰椎

截癱
截癱是指影響腿部或部分軀幹的癱瘓，通常由脊髓損傷所致，但也可能是由於創傷性腦損傷或是脊椎、腦瘤、脊柱裂等疾病引起的。

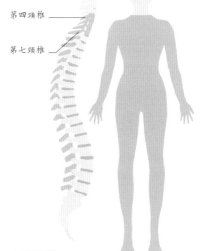

第四頸椎

第七頸椎

四肢麻痺
也被稱為四肢癱瘓。在這種情況下，胳膊和腿，以及頸部以下的身體部分或完全癱瘓。四肢癱瘓通常是由於頸下部骨折所致。

唐氏綜合症

唐氏綜合症是由於在異常的細胞分裂中，一條染色體被隨機多複製了一條所致。唐氏綜合症影響患者的身心發育。患有這種疾病的嬰兒，從嬰兒早期就出現明顯的面部特徵和發育遲緩。

唐氏綜合症也稱為 21 三體綜合症，因為在該疾病中，患者的 21 號染色體有三個複製本。在老鼠身上進行的實驗表明，這條多餘染色體的存在，擾亂了參與記憶和學習的腦迴路（主要在海馬體）的功能。唐氏綜合症發生在孩子身上的概率，隨着母親懷孕年齡的增長而增加。

每個唐氏綜合症患兒都存在一定程度的學習障礙。某些健康問題，如心臟病、聽力和視力問題，在唐氏綜合症患者中更為常見。

篩查檢測

產前檢查，如血液檢查和超聲波檢查，有助於預測孩子是否有唐氏綜合症的風險。如果風險很高，可以進行兩項診斷檢查：絨毛膜取樣和羊水穿刺，分析胎兒細胞和羊水，以檢測染色體是否出現異常。

正常的染色體組和 21 三體染色體組
兩個染色體核型或全套染色體的照片顯示，一個正常男性有兩條 21 號染色體，而一個患唐氏綜合症的男性有三條 21 號染色體。

正常的染色體組　　　　　　21 三體染色體組

腦癱

腦癱 (CP) 是指一種損害運動、協調性和認知的疾病。腦癱是最常見的兒童運動障礙，其定義較廣，分為先天性腦癱和獲得性腦癱。

大多數患兒均為先天性腦癱，這種情況是由於出生前或出生時腦受到損傷所致，比如分娩困難導致的腦缺氧。然而，腦部感染或嚴重的頭部損傷，也會在出生 28 天或之後導致獲得性腦癱。

腦癱症狀的性質取決於腦損傷的位置，但損傷通常位於控制運動的運動皮層。其症狀和嚴重程度差別很大，可隨着嬰兒的發育變得更加明顯。在新生兒中，許多腦癱的症狀甚至不明顯。但有些腦癱兒童的行動能力、語言和智力受損，可能需要坐輪椅，或日常活動需要幫助。其他可能的症狀包括身體軟弱無力或僵硬、四肢無力或行走困難。依據腦癱的類型和治療方式，患者的壽命範圍為 30 ～ 70 歲。

腦癱的類型

腦癱的分類依據受影響的運動障礙，以下列出了幾種類型。

痙攣性（雙癱）腦癱
這種類型的患者身體很僵硬，四肢和肌肉都不能放鬆。它們可能用腳趾或雙腿向內走路。

手足徐動型（不隨意運動型）腦癱
這種類型的患者不能控制身體的多個部位，導致其做出不自覺的扭動或抽搐的動作。

共濟失調性腦癱
患者的協調能力受到影響，在使用諸如寫作等精細運動技能時，常失去對肌肉的主動控制。

混合性腦癱
混合性腦癱是由腦中的幾個運動控制中心受損，而引起的腦癱類型。

腦積水

　　腦積水是指腦內液體的異常積聚，會損害腦組織。腦積水是由腦脊液過多或腦脊液不正常排出而引起的。成人的發病形式為獲得性和常壓性腦積水，也可發生在兒童身上。

　　獲得性腦積水是由中風、腦出血、腦腫瘤或腦膜炎後的腦損傷引起的。在這種情況下，擴大的腦腔中充滿過量的腦脊液（CSF）或腦脊液被重新吸收到血液中的腦脊液堵塞區。

其他類型腦積水的原因

　　常壓性腦積水的原因通常是未知的，但可能是由於潛在的疾病，如心臟病或高膽固醇所致。

　　主要症狀通常是頭痛、噁心、視力模糊和意識混亂。在兒童中，早產、腦出血或脊柱裂後會導致腦積水。在嬰兒和幼兒中，腦積水的症狀包括頭部腫脹，但在較大的兒童中，這種疾病可能表現為嚴重的頭痛。壓力造成的傷害會導致發育性技能的喪失，比如不會走路和說話。

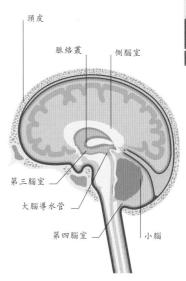

腦內的液體
腦脊液是由一種稱為脈絡叢的內襯腦室的細胞膜或腔產生的。如果不被重新吸收，腦脊液會施壓於腦，導致症狀。

嗜睡症

　　嗜睡症是一種罕見的、長期的神經系統疾病，其特徵是突然發作的睡眠障礙。患者無法調節正常的睡眠和清醒模式。

　　嗜睡症通常開始於青春期左右，男女都可能發病。其症狀包括白天過度困倦和突然入睡，有時做了一件事，但卻沒有相關記憶。這種情況可能包括睡眠癱瘓，即一種暫時無法移動或說話的狀態，且伴隨着可怕的噩夢。嗜睡症的常見副作用是睡眠剝奪（睡眠不足）。

猝倒

　　約 60% 的患者被歸類為一型嗜睡

下丘腦分泌素系統
嗜睡症可能是由下丘腦分泌素水平異常降低引起的，下丘腦分泌素是由下丘腦細胞分泌的。一旦下丘腦分泌素被釋放，便可向腦中控制覺醒狀態的神經元發出信號。

症，這意味着他們會猝倒。一個猝倒的人在面對諸如狂喜、憤怒或疼痛等強烈情緒時，肌肉控制力會減弱。患者的意識沒有喪失，但可能會因為肌肉張力喪失而突然倒下，且通常無法說話或移動。

情緒反應（如大笑）可引發猝倒。

昏迷

昏迷是一種長期的深度無意識狀態，可因受傷或對某種疾病的治療引起。昏迷的病人（對刺激）無反應，看起來像是睡着了。然而，與深度睡眠不同的是，昏迷中的人不能被任何刺激（包括疼痛）喚醒。

昏迷主要是頭部傷害引起的腦損傷所致。腦損傷常常導致腫脹，進而使腦的壓力增加，損害網狀激活系統，而網狀激活系統是腦中負責覺醒和意識的部分。腦出血、缺氧、感染、過量用藥、化學失衡或毒素積聚也會引起昏迷，各種疾病的副作用也會引發昏迷。糖尿病患者會出現暫時性和可逆性的昏迷，例如，當血糖水平過高或過低時。超過 50% 的昏迷與頭部創傷或腦循環系統紊亂有關。

治療

昏迷的治療取決於具體的病因，但一般都需要支持性措施。昏迷的病人被安置在重症監護室，在情況好轉之前，他們通常需要完全的生命支持。

抑鬱

抑鬱症不僅僅是感到不快樂，還包括持續的悲傷、絕望和冷漠，同時伴隨着睡眠障礙、疲勞和食慾的變化。

抑鬱症以不同的方式和程度影響不同的人。其症狀從輕到重（重症有時被稱為「臨床抑鬱症」），症狀的範圍可從持續的不快樂、易哭、對正常活動失去興趣到無法進行日常生活和產生自殺念頭。

身體的症狀

抑鬱症和焦慮往往是同時發生的，這種疾病還可能導致一些身體症狀，如持續疲勞、失眠或過度睡眠、體重減輕或增加、性衝動喪失和身體疼痛。

儘管抑鬱症的發生有多種原因，但它確實是一種疾病，可以影響一個人生活的各方面。有十分之一的人在他們生活的某個階段出現抑鬱症，而且抑鬱症也會影響兒童和青少年。根據其嚴重程度，治療可能包括藥物和心理治療。

外部因素

人際關係問題
貧窮和債務
壓力
酗酒和毒品
喪親
工作問題
欺凌
孤獨
懷孕和生孩子

內部原因
個性特徵
童年的經歷
家族史
長期健康問題

抑鬱症的原因

壓力性的生活事件可能是抑鬱症的外部誘因，這些因素與包括家族史在內的內部原因互相影響。

躁鬱症

躁鬱症以前被稱為躁狂抑鬱症，是一種以過度興奮和抑鬱交替出現為特徵的精神狀態。在這種狀態下，一個人的情緒突然從一個極端轉向另一個極端。

躁鬱症患者情緒波動很大。患有這種疾病的人也可能有「正常」的情緒。然而，這些情緒模式並不總是相同的；有些人可能會經歷從高到低的快速循環，或是一種混合狀態。躁鬱症的治療包括降低其嚴重程度及減少相互對立的情感發作的次數，使患者盡可能過正常的生活。使用可作為情緒穩定劑的藥物，識別觸發原因和警告信號、進行認知行為療法等心理治療和提供生活方式建議都被用於治療雙相情感障礙患者。當這些治療有效時，患者的發作通常可在數月內得到改善。

躁鬱症的不同時期
患者通常會經歷一段躁狂或輕躁狂的高情感水平時期，然後是一個平靜的平衡階段，接着是輕微或極度抑鬱的時期。

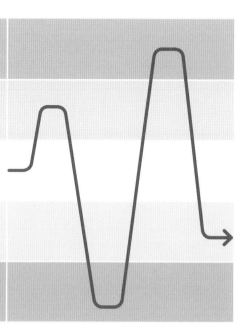

躁狂
躁狂症的症狀包括充滿快感、語速快、注意力不集中、睡眠或食慾減退，偶爾還有精神病發作。

輕躁狂
這是一種可持續幾天的輕度躁狂，通常伴隨着躁動、魯莽的社會或經濟行為。

平衡的情緒
心境正常是用來描述一個人既不躁狂也不抑鬱、相對穩定的情緒狀態的術語。

輕度抑鬱
症狀可能包括：感到悲傷、絕望或易怒，精力不足，注意力不集中，有內疚感。

抑鬱
患者出現情緒上的痛苦，這個階段的特點可能是情緒低落，濫用藥物和酒精，有自殘和自殺念頭。

季節性情感障礙

季節性情感障礙（SAD），是一種呈現季節性反覆發作的抑鬱症。它有時被稱為「冬季抑鬱症」，即症狀通常在冬季更為嚴重。

導致季節性情感障礙的確切原因目前還不完全清楚。但對於那些冬季季節性情感障礙患者來說，這通常與暴露在陽光下的時間減少有關，因為這樣會限制下丘腦的功能，而下丘腦是控制情緒的腦區域。然而，有些人在溫暖的天氣開始時會出現症狀，這被稱為夏季季節性情感障礙。

其他可能的原因包括調節睡眠模式的「生物鐘」失靈，或者褪黑激素水平過高。其症狀包括抑鬱，在日常生活中失去快樂、易怒、絕望、有內疚感或無價值的感覺，以及缺乏精力。通過日記記錄症狀、鍛鍊、光療法和參加支持小組是患者可採用的一些自助方法。

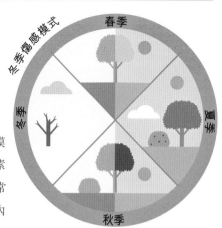

冬季模式
症狀開始於秋冬之交，表現為精力不足和情緒低落。

夏季模式
在早春，症狀減輕或消失。精力恢復，進入正常的睡眠模式。

焦慮症

焦慮症是一組以強烈的被威脅感和恐懼為特徵的精神疾病，包括驚恐發作和對危險的不準確評估。雖然焦慮症有很多類型，但它們通常有相似的症狀。

常見的焦慮障礙包括廣泛性焦慮障礙、社交焦慮障礙、驚恐障礙和創傷壓力症候羣。除恐懼外，身體症狀也是由皮質醇和腎上腺素等應激激素水平過高引起的。這些症狀包括顫抖、出現睡眠問題、寒冷、出汗、手或腳麻木或刺痛、呼吸急促、心悸、噁心和頭暈。

患有廣泛焦慮障礙（GAD）的人容易產生強烈的焦慮情緒，而驚恐障礙則是由於對壓力的極端身體反應引起的。社交焦慮症患者常常感到擔憂，其自我形象過於消極，且感覺自己不斷被他人觀察和評判。創傷後應激障礙患者有受到威脅的感覺，並不斷處於邊緣狀態，這種症狀由親身經歷或目睹創傷事件而觸發。

發病原因

影響焦慮症的因素很多，包括環境壓力和遺傳傾向。如果焦慮症發生在一個家庭中，也可能會影響到家庭成員。有些焦慮症可能與控制恐懼和其他情緒的腦區域的變化有關。

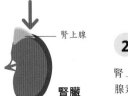

下丘腦

垂體前葉

1 為了應對壓力，下丘腦刺激垂體產生促腎上腺皮質激素（ACTH）。

腎上腺

腎臟

2 促腎上腺皮質激素刺激腎上腺產生腎上腺素和皮質醇。

腎上腺素和皮質醇

3 腎上腺素和皮質醇會觸發各種生理反應，如心率加快和肌肉張力增加。

常見的恐懼症	
恐懼症	描述
蜘蛛恐懼症	對蜘蛛感到恐懼
飛行恐懼症	對飛行感到恐懼
幽閉恐懼症	對密閉空間感到恐懼
小丑恐懼症	對小丑感到恐懼
不潔恐懼症	對微生物污染感到恐懼
死亡恐懼症	對死亡或死亡的事物感到恐懼
疾病恐懼症	害怕患上某種疾病
暈針症	害怕注射或醫療針

恐懼症

對某一物體、地方、情況、感覺或動物的壓倒性的、使人虛弱的恐懼被稱為恐懼症。恐懼症會引起極端的反應，並帶來不切實際、強烈的危險感。

恐懼症是焦慮症的一種，其特徵是對某一特定的觸發因素產生過度反應。在某些情況下，僅僅考慮到威脅的情況就會讓人感到焦慮，這種情況被稱為預期性焦慮。其症狀包括頭暈、噁心或嘔吐、出汗、心悸、呼吸困難和顫抖。恐懼症一般可分為兩種主要類型：特異性或單純性恐懼症和復合性恐懼症。特異性恐懼症僅針對特定的物體、動物、環境或活動。例如恐高症（對高度的恐懼）和恐血症（對血感到恐懼）。引起恐懼症的常見動物是蛇（蛇恐懼症）和蜘蛛（蜘蛛恐懼症）。單純性恐懼症通常始於兒童或青少年時期，但隨着時間的推移，其嚴重程度往往會降低。

然而，複雜的恐懼症更使人喪失功能。其中包括社交恐懼症或社交焦慮症，這是一種對社交環境的恐懼。

強迫症

強迫症（OCD）是一種常見的心理障礙，可影響男性、女性和兒童。強迫症患者經歷反覆的侵入性思維，需要一遍又一遍地執行特定的動作，以緩解相關的焦慮。

強迫症可以在任何年齡發作，但通常在成年早期發生。強迫症常常可以追溯到童年或青少年時期發生的創傷事件，並可能源於與特定事件相關的極度的恐懼感、內疚感和責任感。強迫症的強迫性部分是一種被稱為侵入性及不愉快的恐懼、思想、想像或衝動，這種侵入會觸發焦慮、厭惡或不安的情緒，是患者所不想要的。其強制表現為重複性的行為或信念，以暫時緩解強迫帶來的不可忍受的焦慮。

藥物和認知行為療法（CBT）都可以用來治療強迫症。

遺傳因素

大約四分之一的強迫症患者有一個患同樣疾病的家庭成員，而在對雙胞胎的研究表明，強迫症可能存在遺傳聯繫。也有人認為強迫症會干擾腦區域的交流，包括與獎賞相關的眶額皮層和與錯誤檢測相關的前扣帶回皮層。

耗費時間的強迫症
侵入性的思想引起的焦慮觸發強烈的執行某種儀式的慾望。這種對計數、檢查物品、洗手或重複思考順序的迫切需要可能每天會佔用很多個小時。

圖雷特綜合症

圖雷特綜合症是一種複雜的神經系統疾病，它使人產生不自主的聲音和運動，稱為抽動。圖雷特綜合症幾乎都是在兒童時期發展，通常在兩歲以後出現。

圖雷特綜合症通常發生於童年的早期，但不會晚於15歲。男性患者比女性患者多見。患者身體的抽搐從簡單的眨眼、轉動眼球、皺眉、聳肩到跳躍、旋轉或彎腰。最廣為人知的是聲帶抽動、不受控制的咒罵，雖然在現實生活中較為罕見，只在十分之一的患者中出現。最常見的聲帶抽動包括發出咕嚕聲、咳嗽聲或動物叫聲。

抽搐會因肌肉勞損而引起疼痛，

當一個人感到壓力、焦慮或疲勞時，抽搐往往加重。患者的症狀會隨着時間的推移而改變並可能改善，有時會完全消失。

圖雷特綜合症患者抽搐前常伴有強烈的感覺，如發癢或打噴嚏的衝動。通過練習，一些患者學會了在學校等社交場合，通過這些線索來控制症狀。圖雷特綜合症患者也可能有強迫症或出現學習困難。

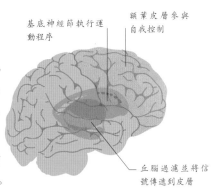

基底神經節執行運動程序

額葉皮層參與自我控制

丘腦過濾並將信號傳遞到皮層

受影響的腦區
圖雷特氏抽搐被認為是由於神經遞質多巴胺的過度分泌，以及與運動有關的腦區域，如額葉皮層、基底節和丘腦的功能障礙所致。

軀體症狀障礙

軀體症狀障礙（SSD）的特徵是對身體症狀的極度關注。這些症狀可能與實際診斷有關或無關，然而，患有軀體症狀障礙的人真的相信自己病了，他們的痛苦呈現為身體（或「軀體」）症狀。

軀體症狀障礙與焦慮和抑鬱密切相關。其身體表現通常包括疼痛、虛弱和疲勞，而呼吸短促是另一個常見的症狀。患者過分擔心自己的健康，關注一個或幾個症狀，即使他們描述的身體問題找不到醫學原因。如果發現一個診斷結果，患者會過度關注自己的情況，以至於常常無法正常工作。軀體症狀障礙的治療包括服用抗抑鬱藥及認知行為療法（CBT）。

孟喬森綜合症

孟喬森綜合症是由嚴重的情緒困擾引起的，它被歸類為一種人為的疾病，是一種心理健康疾病。在這種情況下，一個人通過故意捏造症狀來假裝自己精神或身體出現了疾病。

孟喬森綜合症是一種罕見的心理疾病，常發生在有過諸如情感虐待或疾病等創傷性早期生活事件、有人格障礙或對權威人物懷有怨恨的人身上。孟喬森綜合症被認為是一種極端的注意力尋求行為。患者可能會講述戲劇性的故事、謊報症狀、故意加重傷口或食入毒素以使症狀惡化，甚至改變測試結果和偽造記錄。孟喬森綜合症在網上有一種新的形式，在這種情況下，患者假裝自己患有某種特定類型的疾病，並加入一個為真正的患者提供在線支持的小組。

人為疾病的常見症狀

以下是孟喬森綜合症和其他人為疾病患者常見的一些症狀：

有很長的病史，經常在不同地點住院和拜訪多位醫生。

對所報告的疾病及一般醫學實踐有廣泛的教科書知識。

願意接受醫學檢查、調查甚至手術。

不願意讓醫務人員聯繫朋友和家人，住院時很少有訪客。

身上有多次手術留下的疤痕或手術操作的痕跡。

在無明顯原因的情況下病情發生惡化，或對標準療法沒有預期的效果。

代理性孟喬森綜合症

代理性孟喬森綜合症是一種人為疾病，指護理人員編造或誘發在其控制下的人出現的疾病或傷害症狀。代理性孟喬森綜合症也被認為是一種身體和精神虐待，通常是由父母對年幼的兒童施以虐待，但有時是在照料者的控制下對其他易受傷害的人施以虐待，例如由兒子或女兒照料的年邁父母。

精神分裂症

　　精神分裂症是一種精神健康障礙，其症狀包括妄想、視覺或聽覺幻覺。這是一種精神病，意味着患者無法區分幻想和現實。

　　精神分裂症是一種難以評估的疾病。其診斷包括對情緒和認知行為的檢查，並通過出現兩個或兩個以上持續時間超過 30 天的症狀來進行確診。這些症狀包括言語或行為紊亂、緊張、妄想或幻覺，以及諸如缺乏情緒或言語等「負面症狀」。精神分裂症有很多種，每種都有不同的症狀。偏執型精神分裂症患者過分懷疑他人的動機，並相信有人對他們耍陰謀。緊張型精神分裂症患者可能會在情緒上退縮到看起來癱瘓的程度；而無組織的精神分裂症則包括反應平淡或不當，以及無法進行日常生活。

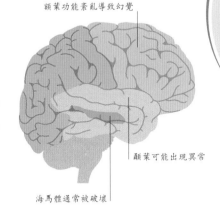

額葉功能紊亂導致幻覺

顳葉可能出現異常

海馬體通常被破壞

結構異常

與正常人相比，精神分裂症患者的腦在特定區域如額葉和顳葉顯示出結構差異。同時，精神分裂症患者的腦中灰質也更少，這會影響患者的情緒調節、運動控制和感覺知覺。

精神分裂症患者有分裂的性格嗎？

精神分裂症這個詞的意思是「精神分裂」。患有這種疾病的人沒有多重人格，而是與真實的事物隔絕。

1.1% 為全世界成人精神分裂症患者的大約百分比。

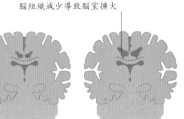

腦組織減少導致腦室擴大

健康的腦　　精神分裂症患者的腦

腦組織丟失

一些精神分裂症患者由於周圍腦組織的減少，腦室（腦內充滿液體的空腔）增大。

精神分裂症的原因

儘管經過多年的研究，人們仍然不清楚精神分裂症的病因。它可能與遺傳學、腦化學、生活經歷、藥物使用、產前或出生創傷，或這些因素的聯合有關。

遺傳學

大約 80% 的精神分裂症患者有遺傳傾向。然而，基因並不是唯一的原因，環境因素和家族史也被認為是相關因素。

腦異常

對腦的核磁共振掃描研究顯示，精神分裂症患者幾個區域的灰質均減少了。這些區域對於情緒調節、決策制訂和執行複雜的認知任務非常重要。

腦化學

兩種腦化學物質——谷氨酸和多巴胺，與精神分裂症有關。多巴胺水平升高可能導致幻覺。谷氨酸水平降低可能引發精神病發作，而谷氨酸的水平增高又會損害腦細胞。

環境因素

胎兒受到病毒感染、出生創傷或營養不良都可能是發展成精神分裂症的傾向性因素。環境因素包括遭受極端壓力、家庭關係不良或使用可改變思維的藥物成癮。

成癮

成癮源於調節獎賞、動機和記憶的腦系統出現慢性功能障礙。一個成癮的人渴望某種物質或行為，通常在尋求這種物質或行為時不關心追求它的後果。

成癮是指為了獲得快感而反覆使用某種物質或參與某項活動。其心理和社會症狀包括許多行為，如缺乏自我控制、強迫和冒險行為。常見的身體症狀是食慾變化、容貌變化、失眠、藥物濫用造成的傷害或疾病，以及對成癮源的耐受性增強，使患者需要服用越來越大的藥物劑量或參與越來越多的活動來達到同樣的愉悅回報。消除成癮源會引起患者出汗、顫抖、嘔吐和行為改變等反應。

化學快感

成癮會影響腦的結構和功能。當腦釋放多巴胺等神經遞質時，人們會感到興奮和愉悅，接著是內啡肽等激素帶來的強烈滿足感。內啡肽緩解壓力和疼痛的方式類似於可卡因等藥物。對許多人來說，創造性活動或體力勞動，如演奏樂器或鍛鍊，可釋放足夠的神經遞質來提供快樂和滿足感。然而，對另一些人來說，服用某些毒品、酒精和參與冒險活動，如賭博，在最終損傷和破壞正常的神經遞質迴路之前，會產生更快、更極端的愉悅感。這樣的人工刺激讓腦內充滿多巴胺，一旦內啡肽被釋放，就會產生強烈的滿足感。由此產生的「高水平情緒」被海馬體記錄為一種長期記憶，使人產生重複這種經歷的衝動。一旦這種慾望超越了正常的行為和功能，就被歸類為成癮。

目前，還不完全清楚人們為甚麼成癮，但有證據表明，在某些情況下，基因構成可能是一個因素。畢竟，基因不僅決定了我們對物質的反應，而且決定了當這些物質被撤回時我們會發生甚麼反應，這也許可以解釋為甚麼有些人比其他人更容易依賴酒精。診斷檢查和心理評估可用於某人是否已成癮的診斷評價，如果確有成癮，則應將患者轉給專業醫師進行治療。

成癮的遺傳程度有多強？

關於雙胞胎和被領養孩子的研究表明，大約 40% ～ 60% 的成癮易感性是遺傳的。

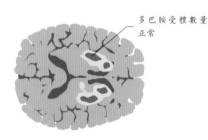

多巴胺受體數量正常

健康的腦

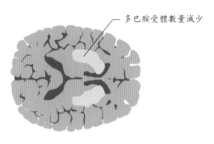

多巴胺受體數量減少

可卡因使用者

可卡因的使用和多巴胺
使用可卡因會降低神經遞質多巴胺受體的可用性，隨著時間的推移，可卡因使用者必須消耗更多的藥物才能獲得同樣的獎賞。

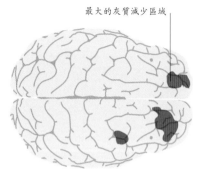

最大的灰質減少區域

灰質與去氧麻黃鹼
使用去氧麻黃鹼會使腦額葉皮層等區域的灰質數量減少，導致神經功能下降。

人格障礙

人格障礙（PD）患者表現出持續的不恰當、不靈活或異常的行為，或人際關係有問題。人格障礙有幾種類型，從反社會型（BPD）到分裂型，但有些患者可以在沒有醫療幫助的情況下生活。

人格障礙體現為一種一致的行為模式，這種行為模式明顯偏離了被社會所接受的行為模式。其症狀通常在青春期出現，並可能導致患者長期的困擾尤其在處理人際關係和面對某些社交場合方面。人格障礙可大致分為三類：猜疑型、情緒型和衝動型，以及焦慮型（見下表）。其中每種類型都有自己的症狀。例如，一個有猜疑型人格障礙的人通常是反社會的，容易受挫，難以控制憤怒。情緒型和衝動型人格障礙與患者的思維方式紊亂、衝動行為和難以控制情緒有關。焦慮型人格障礙包括迴避型人格障礙，其特徵是自我感覺缺乏信心及對批評和拒絕極度敏感。因此，患有這種類型人格障礙的人會經歷嚴重的社交焦慮也就不足為奇了。

人格障礙患者的腦

一些人格障礙患者的杏仁核區域會出現異常，杏仁核是邊緣系統的一部分，也是人腦中調節恐懼和攻擊性的最原始部分。沒有過度恐懼的人格障礙患者與過度恐懼的人格障礙患者相比，後者腦內的杏仁核通常更小。而杏仁核越小，其活躍度似乎越高。此外，在人格障礙患者中，負責控制情緒的海馬體通常也更小。

75% 的反社會型人格障礙患者為**女性**。

談話療法有助於人格障礙患者更好地了解自己的想法、感覺和行為。治療性社區是一種團體治療的形式，這種治療可能是有效的，但需要患者高度的配合。在某些情況下，藥物也可以用來控制抑鬱和焦慮。

人格障礙集羣		
集羣 A：猜疑型 患有這種人格障礙的人往往被認為是古怪或「異於尋常」的。他們害怕社交場合，在人際關係上也有問題，對他人充滿懷疑。有些患者顯得冷漠，另一些則比較內向。	**集羣 B：情緒型和衝動型** 這種類型的人格障礙患者以缺乏情緒控制的能力為特徵。集羣 B 的患者經常欺負或操縱他人，以自我為中心，容易戲劇性地過度表現，與他人形成緊張但短暫的關係。	**集羣 C：焦慮型** 這種類型人格障礙的患者普遍焦慮、順從他人，難以獨自應對生活。他們往往過於敏感、壓抑、極度害羞，或是完美主義者。
偏執狂	反社會型	迴避型
類精神分裂症患者	邊緣型	依賴型
分裂型人格	表演型	強迫型
	自戀型	

飲食失調

飲食失調是一種與食物相關十分極端的心理健康問題。多數病例都是因為對體重和體型過分關注而損害了健康，甚至可能危及生命。

儘管飲食失調可以發生在生命的任何階段，但通常發生於青少年和年輕的成年人中。最常見的三種類型是神經性厭食症（或簡單的厭食症）、神經性貪食症（神經性暴食症）和暴飲暴食症（BED）（見下表）。其診斷包括心理評估和身體檢查，如血液檢查和測量人的體重指數（BMI）。厭食症總是伴隨着體重的減輕，而過低的體重指數通常是其診斷的要點。那些暴食症和暴飲暴食症患者的體重指數通常不低，而且可能稍微超重。飲食失調的症狀包括對體重和體型的過度關注，不參加與食物相關的活動，吃得非常少或暴飲暴食後再「清洗」（自發嘔吐），過度使用瀉藥，以及過度運動。患者可能還有胃部問題，體重與其年齡和身高不匹配，有月經問題或月經中斷，牙齒有問題，對寒冷敏感，疲勞或頭暈等症狀。

潛在因素

飲食失調的原因目前尚不完全清楚，但患者可能有一個家庭成員也存在飲食失調、抑鬱、濫用藥物或成癮的情況。社會壓力和批評可能也是人們關注飲食習慣、體型或體重的原因之一。與一般職業相比，那些需要保持苗條身材的職業中，如芭蕾舞演員、演員、體育明星或模特兒，可能有更多的人患有飲食失調症。同時，患者也可能出現焦慮、自卑、完美主義和性虐待。飲食失調的治療包括營養教育、心理或談話療法，以及團體治療。

飲食失調的類型	
失調	描述
神經性厭食症	主要影響年輕女性，包括通過少吃和過度運動來保持低體重的強迫性慾望。
神經性貪食症	這種類型的飲食失調包括暴食和「清空」。患者的體重通常是正常的，但有着嚴重的負面自我形象。
暴食症	患者經常性地過度飲食，通常是有目的地、迅速地、偷偷吃掉食物，之後又會產生強烈的內疚感和羞恥感。

1. 某人大量、快速地進食食物，這個過程通常是秘密進行的，這樣做時可能會進入一種昏昏欲睡的狀態。

2. 當進食暫時使緊張、悲傷或憤怒的感覺麻木時，焦慮感就會下降。

3. 低落的情緒又回來了，隨之而來的是暴飲暴食。相關的內疚感和羞恥感所帶來的自怨自艾和厭惡自己的感覺隨之出現。

4. 焦慮情緒上升，因為進食只能短期緩解心理痛苦，然後開始感到抑鬱。

5. 隨着痛苦情緒的增加，對食物的想法變得越來越佔主導地位。

6. 暴飲暴食的需求變得迫切，有些人經常為了這種需求購買特殊食物。

暴飲暴食的週期
那些有暴飲暴食症的人用食物來麻醉情緒上的痛苦，而不是積極地去尋找其心理原因，這樣就形成一個破壞性的循環。

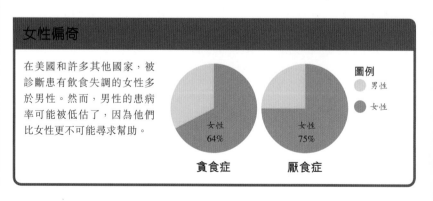

女性偏倚

在美國和許多其他國家，被診斷患有飲食失調的女性多於男性。然而，男性的患病率可能被低估了，因為他們比女性更不可能尋求幫助。

圖例
男性
女性

女性 64%
貪食症

女性 75%
厭食症

學習障礙和困難

　　學習障礙是認知能力受損的標誌，反映一個人的一般智力（IQ）。學習困難並不會影響智商水平，但會使信息處理更加困難。兩者都會影響一個人獲得知識、掌握新技能和溝通的方式。

　　當腦的發育受到某種影響時，無論因為損傷還是遺傳異常，都會發生智力或學習障礙。學習障礙的嚴重程度可從輕度、中度、重度再到極重度。在最嚴重的情況下，患者獨立生活可能都會出現問題。其具體原因包括基因突變（如唐氏綜合症）、胎兒頭部損傷、母親的疾病、出生前或出生時腦缺氧，以及童年時期罹患疾病或遭受傷害造成的腦損傷。有些病例則沒有明確的原因。學習障礙可能包括各種各樣的症狀。

　　在患有學習障礙的人羣中，一些人可以很容易地進行交談和照顧自己，但對學習新事物則可能比平常人需要更長的時間。而另一些學習障礙者還可能同時存在行動不便、心臟缺陷或癲癇，因而預期壽命更短。患者也可能有相關的學習困難。例如，腦癱患者可能有認知功能受損和運用障礙，而自閉症患者可能存在嚴重的發育遲緩問題。

學習困難

　　區分學習障礙和學習困難是很難的事。然而，一般來說，學習困難並不影響智力或能力，而是影響腦處理數據的方式。例如，有誦讀困難的人，除閱讀、寫作和拼寫困難以外，常常還伴有（兒童）運用障礙，因而其精細運動技能和協調能力都會受到影響。

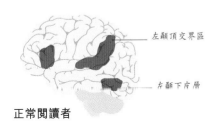

左顳頂交界區

左顳下皮層

正常閱讀者

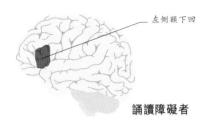

左側額下回

誦讀障礙者

誦讀障礙者的腦

正常閱讀者和誦讀障礙者在閱讀過程中激活的腦區域差別很大。在誦讀障礙者的腦中，只有左側額下回被激活，但這又伴隨着右腦半球的活動增加，這就是為甚麼許多誦讀困難症患者具有高度創造力的原因。

一些常見的學習障礙和困難	
名稱	**描述**
誦讀困難	學習閱讀或寫作的能力受損，除閱讀和拼寫能力差以外，誦讀困難者在順序方面也可能存在問題，比如無法分清日期順序或者難以組織他們的思想。
計算障礙	難以處理數字，學習算術概念（如計數），並執行數學計算。計算障礙常與誦讀障礙或其他學習困難同時發生。
失音症	其字面意思是「缺乏音樂」，有時被稱為音樂聾，這種狀況意味着即便患者聽力正常，也無法識別或再現音樂的音調或節奏。
運動協調障礙（發育協調障礙）	由於不能準確地做出熟練的動作，在兒童時期，運動協調障礙者通常先被發現行動「笨拙」。它可能導致患者難以建立空間關係（例如對物體進行定位）。
特殊語言障礙	在不存在發育遲緩或聽力喪失的情況下，患者語言技能的獲得出現了延遲。特殊語言障礙與遺傳緊密相關，經常發生在家族中。

注意缺陷多動障礙

注意力不集中、多動和衝動是注意缺陷多動障礙（ADHD）的主要症狀。它通常出現在兒童早期，但在 6～12 歲其症狀可能增加，並持續到成年。

注意缺陷多動障礙的主要症狀包括衝動、注意力不集中、「脾氣急」、缺乏組織性、多任務處理困難及極度活躍或不安。雖然注意缺陷障礙者（ADD）也有類似的症狀，但其過度活動較少，他們的主要問題是無法集中注意力。注意缺陷多動障礙的症狀可以隨着年齡的增長而改善，但許多在孩童時期就被診斷出患有多動症的患者在一生中持續受到這些症狀的困擾。在工作場所，這種困難往往變得更顯而易見，因為員工必須遵守規則。在這種情況下，注意缺陷多動障礙患者的表現可能不如通常預期的那麼好。此外，患有注意缺陷多動障礙的人可能還會遇到其他問題，如睡眠和焦慮障礙。

注意缺陷多動障礙的原因是甚麼？

由於注意缺陷多動障礙是一種表現在家庭成員中的發育問題，研究人員認為這種疾病有一定的遺傳基礎。如果是遺傳缺陷造成的，那麼它們很可能是複雜的，涉及不止一個基因。這種情況與母親在懷孕期間吸煙或飲酒導致的胎兒損傷有關。早產或在幼兒期接觸鉛等毒素也可能引起注意缺陷多動障礙，患者經常有學習困難，儘管這些困難不一定與智力或能力水平有關。研究顯示，與沒有注意缺陷多動障礙的人相比，注意缺陷多動障礙者的腦在生物學和結構上存在差異，包括體積更小和血流更少。一些研究表明，注意缺陷多動障礙者的腦中，化學物質如多巴胺可能低於正常水平。

男性被診斷為注意缺陷多動障礙的概率是女性的三倍。

注意缺陷多動障礙的症狀		
多動症 多動症是指異常或極度活躍的人。一個過度活躍的人通常坐立不安，在學校或工作中容易分心，而且不能一次靜止超過幾秒鐘或幾分鐘。	**注意力不集中** 注意力不集中與注意缺陷多動障礙有關。其定義是缺乏專注、注意不到其他人的需要、無法全神貫注、無法持續關注手頭的事情等。	**衝動** 衝動的特徵是在沒有任何預先計劃或意識到眼前或未來可能後果的情況下採取行動。衝動可能與情緒狀況和身體活動有關，而且似乎是不自覺的行為。
坐立不安	專注困難	經常打斷他人
持續不安	笨拙	不能與他人交替做事
比別人的講話聲音更大	很容易分心	説話過多
很少或根本沒有危機感	組織能力差	行事不經思考
	健忘	

自閉症譜系障礙

自閉症譜系障礙（ASD）是用來描述一組發育性問題的術語，其特徵是溝通和行為困難。「譜系」一詞是指患者所經歷的各種各樣的症狀類型及其嚴重程度。

患有自閉症譜系障礙的人發現自己很難與他人互動和交流。他們的興趣往往比較有限，常常做出重複的行為。此外，與正常人相比，他們往往或多或少對光、聲音或溫度更敏感。這使得他們把自己封閉起來。自閉症譜系障礙可發生在任何智力水平的人身上，最常在出生後的頭兩年被診斷出來。自閉症譜系障礙是一個終生性的疾病。患者的身體症狀可能包括重複的身體運動，如來回踱步、搖擺或拍手。

自閉症譜系障礙的症狀	
症狀	描述
社會交往	由於自閉症譜系障礙者的語言發育受到損害，患者的社會交往也會受到影響。其言語和非言語的社交問題包括理解社會情境、識別社交線索、直率或不恰當的會話互動等方面的困難。
重複行為	患有自閉症譜系障礙的人經常進行反覆的行為，如拍手、搖晃身體，或可能因持續的咬或騷抓而傷害自己。他們還可以展示身體旋轉或其他複雜的身體運動，以及諸如計數或排列物體等。
專注於興趣所在	自閉症患者的思維方式通常是黑白兩色的，他們非常專注於其感興趣或痴迷的特定事物。這些事物可以從旋轉物體到收集生日日期或識別飛行路徑等。
感覺	某些類型的感覺處理問題通常（雖然不總是）與自閉症譜系障礙的診斷有關。受影響的人可能過度敏感或不敏感，並在嗅覺、味覺、視覺、聽覺、觸覺、平衡覺、眼球運動和身體意識方面出現困難。

溝通問題

患有自閉症譜系障礙的兒童可能存在語言障礙，有些患兒開始說話的時間相對較晚。他們的語調可能很平、很快，或者像唱歌一樣。大約 40% 的自閉症譜系障礙兒童根本不會說話，而 25% ~ 30% 的兒童在嬰兒時期會發展出一些語言技能，但在以後的生活中這些技能會喪失。

患有自閉症譜系障礙的高能力成年人可能在學術領域取得成功，但在實踐和社交技能方面有困難，例如難以理解社交線索。大多數人看起來比較直率，不會說謊，他們可能會執着地關注生活的某一方面，比如清潔。

社交尷尬通常伴隨着社交焦慮。自閉症譜系障礙的其他症狀包括對噪音、氣味、觸摸或光線高度敏感，以及極端的食物偏好。

患有智力殘疾的自閉症譜系障礙者可能在其他方面表現出很高的才能，例如有攝影記憶或數字能力；然而，有時這種殘疾非常嚴重，以至於患者無法說出有意義的話，出現自殘行為，以及需要日常護理。

自閉症譜系障礙者與正常人腦的比較
患有自閉症譜系障礙的人很難處理面部（表情）。在非自閉症人羣中，其腦活動出現在負責識別的顳葉梭狀回，而在自閉症患者的腦中卻沒有這種相應的活動。

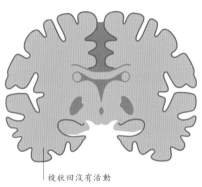

梭狀回的活動　　　　　　梭狀回沒有活動

正常的腦　　　　　　　　自閉症患者的腦

索引 Index

十八畫

十九畫

二十畫

二十一畫

二十二畫

二十三畫

二十四畫

二十五畫

二十七畫

鳴謝

DK 出版社感謝以下人士在本書出版過程中提供協助：
Priyanka Sharma 及 Saloni Singh（編輯）、Katy Smith 及 Harish Aggarwal（設計）、Helen Peters（索引）、Joy Evatt（校對）